U0277616

TURING

图灵教育

站在巨人的肩上

Standing on the Shoulders of Giants

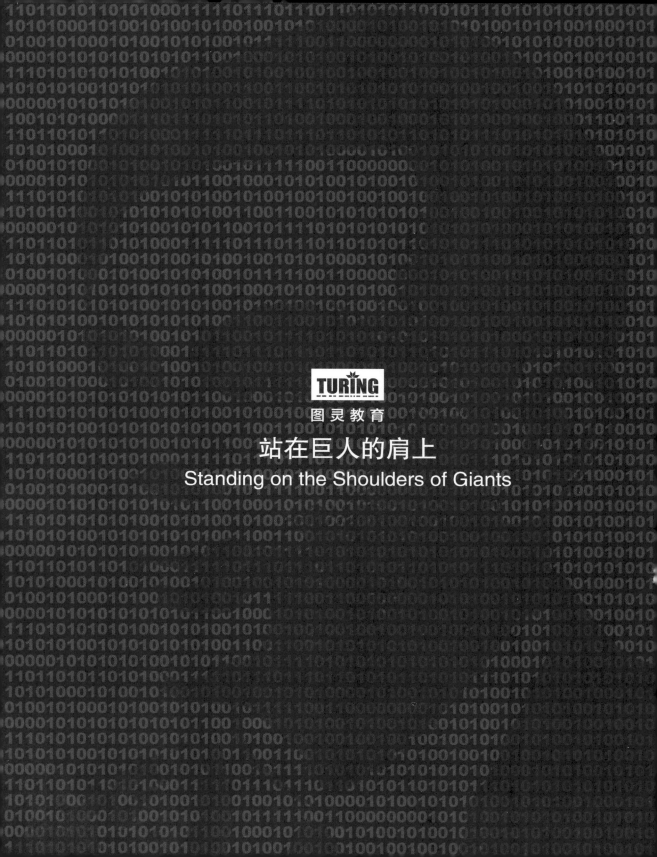

TURING

图灵教育

站在巨人的肩上

Standing on the Shoulders of Giants

TURING

敏捷

Real World Agility

Practical Guidance
for Agile Practitioners

捷

实

破解敏捷落地的
60个难题

[美]丹尼尔·詹姆斯·古洛
(Daniel James Gullo)——著

倪琛——译

战

人民邮电出版社
北　京

图书在版编目（CIP）数据

敏捷实战：破解敏捷落地的60个难题 /（美）丹尼尔·詹姆斯·古洛（Daniel James Gullo）著；倪琛译. -- 北京：人民邮电出版社，2020.9
ISBN 978-7-115-54722-4

Ⅰ. ①敏… Ⅱ. ①丹… ②倪… Ⅲ. ①软件开发 Ⅳ. ①TP311.52

中国版本图书馆CIP数据核字(2020)第161795号

内 容 提 要

敏捷对于软件开发，乃至更广泛意义上的企业运作和项目管理都很有指导意义，但成功地在企业内实践敏捷并非易事。本书详细探讨了敏捷之路上最常遇到的问题，旨在帮助读者扫清敏捷实践路上的种种障碍。本书主要内容包括：敏捷的真实含义和相关概念，从瀑布式开发模式向敏捷开发转型时的常见问题，Scrum 的使用方法，顾客需求分析，产品负责人和项目经理的角色定位，团队组织方式，敏捷相关会议，敏捷社区经验分享，等等。

本书适合对敏捷方法感兴趣的软件开发人员、企业管理人员阅读。

- ◆ 著   [美] 丹尼尔·詹姆斯·古洛
  译   倪 琛
  责任编辑 岳新欣
  责任印制 周昇亮
- ◆ 人民邮电出版社出版发行   北京市丰台区成寿寺路11号
  邮编 100164   电子邮件 315@ptpress.com.cn
  网址 https://www.ptpress.com.cn
  三河市祥达印刷包装有限公司印刷
- ◆ 开本：800×1000 1/16
  印张：12.5
  字数：295千字   2020年9月第1版
  印数：1 - 2 500册   2020年9月河北第1次印刷
  著作权合同登记号 图字：01-2017-9037 号

定价：79.00元
读者服务热线：(010)51095183转600   印装质量热线：(010)81055316
反盗版热线：(010)81055315
广告经营许可证：京东市监广登字 20170147 号

版权声明

Authorized translation from the English language edition, entitled *Real World Agility: Practical Guidance for Agile Practitioners*, 978-0-13-419170-6 by Daniel James Gullo, published by Pearson Education, Inc., publishing as Addison Wesley, Copyright © 2017 by Pearson Education, Inc.

All rights reserved. No part of this book may be reproduced or transmitted in any form or by any means, electronic or mechanical, including photocopying, recording or by any information storage retrieval system, without permission from Pearson Education, Inc.

CHINESE SIMPLIFIED language edition published by POSTS TELECOM PRESS Copyright © 2020.

本书中文简体字版由 Pearson Education Inc. 授权人民邮电出版社独家出版。未经出版者书面许可，不得以任何方式复制或抄袭本书内容。

本书封面贴有 Pearson Education（培生教育出版集团）激光防伪标签，无标签者不得销售。

版权所有，侵权必究

献给 Katie、Fifi、Auggie、Vinnie、Eben 和 Biggie
我爱你们，甚于一切

献给 MnP，谢谢你

献给世界各地的敏捷倡导者
勇往直前，不惧艰险

序

　　这本书是一份简明清晰的旅行指南，为我们在时而光怪陆离时而令人费解的敏捷世界中指引方向。

　　那些刚刚进入敏捷、Scrum、看板方法和精益领域，满怀不安和困惑的人，尤其会受益于本书。千奇百怪的术语都是商学院没教过的，至少目前还没有教；本该听懂的业内笑话，却发现自己不明白；不同企业处理同一件事的方法甚至截然相反。你可能听过，敏捷不是为胆小鬼准备的，敏捷的某些方面确实有难度。你还发现敏捷的某些部分不适合你的企业。你相信自己的付出和坚持能获得回报吗？你该如何找到适合自己的方法？

　　你多么希望身边有一位明智而可靠的导师，可以随时耐心地为你答疑解惑，指点迷津。可惜没有。不过，如果这位导师是以一本书的形式存在呢？如果这本书写得友好、生动、务实，就像一位真正的从业者在与你对话呢？

　　《敏捷实战：破解敏捷落地的 60 个难题》就是这样一本书，书中内容正是一位明智的导师会提供的解答。作者在敏捷领域深耕多年，经验丰富，针对来到敏捷世界的每个人都难免遇到的重要问题分享了他的见解。

　　书中解答了一些关于敏捷本质的问题。敏捷到底意味着什么？如何理解敏捷的不同流派？认证有何意义？认证有用吗？

　　书中试图回答具有争议性的问题。敏捷可以规模化吗？如何看待 SAFe？企业文化不支持敏捷该怎么办？

　　书中解释了每个初学者都会遇到的烦心琐事，例如为什么有那么多关于猪和鸡的业内笑话？

　　书中解答了一些操作层面的难题。如何将待办列表拆解为冲刺？为什么每个代码增量都需要对用户有价值？每次冲刺应该多长？故事点是什么？为什么那么在乎"完成"的意义？

　　书中针对更广泛的管理问题给出了建议。如何将敏捷团队融入现有的管理层级？Scrum 主管与产品负责人或项目经理之间的关系是怎样的？Scrum 主管能否是团队中的一员？为什么 Scrum 中有那么多会议？

书中还讲述了各种各样的敏捷之旅。在这林林总总的讲述中，读者一定能找到与自己的处境和难题相似的部分，以及相应的解决方法。

书中整理了一份实用的常见敏捷术语表，还为有意进一步探索敏捷世界的读者提供了一份阅读清单。

这本书内容广泛，并针对其他作者可能不愿触碰的争议性问题提供了见解。虽然不是所有专家都会赞同本书中的每个观点，但毋庸置疑，书中的观点可以启发有意义的交流。

这本书直截了当地告诉我们什么事情重要，什么事情不重要，什么事情需要重点关注——不仅是有用的，而且关乎成败的事情。

你不必在敏捷之路上曳杖独行了。敏捷是可以被理解的。敏捷即未来，而这本书会告诉你原因。

Stephen Denning
The Leader's Guide to Radical Management 作者

前言

"关于敏捷/Scrum，此刻你最渴望得到解答的疑问是什么？"

多年来，我一直在为个人、团队和企业进行敏捷产品开发的指导和培训。我注意到，虽然市面上有大量敏捷类图书，涵盖各个主题，但似乎许多疑问仍未得到解答。自那时起，我开始把这些问题汇集起来，看看能做些什么：其中有没有什么规律？有什么可以提取并利用的数据吗？

借助一种名为"35"的游戏，我开始从课堂、培训班和用户小组会议中收集问题，然后添加到我的 Excel 问题库中。过去的两年中，我从初级到中级水平的从业者身上收集到了 2000 多个问题，涵盖了敏捷中广泛的内容。

虽然这些问题五花八门，但有两点十分明显：(1)许多问题会反复出现；(2)人们试图从理论性极强的文献海洋中，寻找有实践价值和指导意义的建议。

最终我决定自己写一本书来回答这些问题。这本书是实用型的，基于我过去 10 年的实际经验，风格既幽默又务实。有个愿景一直驱动着我：如果我是一位敏捷新手，或者只有中等水平，那么我会希望读一本怎样的书呢？

本书试图解释敏捷中一些行为方式的缘由，也提供了我的一些亲身经历作为例证。在写作之初，我想注明具体客户或雇主的名字，但这样显得呆板乏味，而且会让问题的适用范围显得很狭窄。我不希望读者心想："嗯，我们跟某某企业完全不同，这一段不看也罢。"

相反，我会在前言的末尾列举我合作过的企业，并保证本书内容全部源自我在这些企业中的亲身经历。此外，考虑到保密协议的约束，我也不能具体谈论其中一些企业。我的历任雇主记录属于公开信息，所以只要不提及某个企业采用的具体实践，从法律的角度来说就没有问题。

我为个人和企业进行培训时会强调，敏捷的很多方面涉及独立解决问题，寻找适合企业的做法。敏捷在很大程度上意味着为企业解放思想，创建致力于学习的企业文化，我想到了在 Monty Python 的《万世魔星》中，Brian（Graham Chapman 饰）与围聚在他家门口的人群对话的场景。

　　Brian："听着，你们不需要追随我，也不需要追随任何人。你们可以独立思考！"

　　人群："好！好！再多教教我们吧！"

　　Brian："不对！不对！我想说的是，你们都是独立的个体！"

　　人群中的某人："我不是。"

　　人群："嘘！！"

　　在敏捷之旅的某个时刻，你会意识到并不存在完美的答案，只有价值观、原则、实践、模式和思想在彰显这一切的真正意义：从群体思考和墨守成规中解脱，通过冒险和实验大胆创新……

　　祝愿一切顺利！

丹尼尔·詹姆斯·古洛

真实经验

　　我的敏捷之旅始于 2006 年，当时我在特拉华州威尔明顿市的一家企业负责质量保证（QA）管理。一天，一位重要客户拿了一本 Ken Schwaber 的 *Agile Software Development with Scrum*，问我读过没有，接着开始高谈阔论。当时在我听来那些话完全是胡言乱语。

　　我那时是一名"硬核"的命令-控制型 PMP，只顾在僵化的企业层级中埋头爬升。有位金融服务客户的说法更为形象：我就像电影《华尔街之狼》中的 Gordon Gekko。

　　记得当时我站在那里，一边点头微笑，一边心想："Scrum 是什么玩意儿？听起来有点脏，像是浮渣（scum）。这和软件开发能扯上什么关系？"我对橄榄球既不了解，也没兴趣；相比那位 Ken，我更在意 Cornelius Fichtner、Rex Black、Capers Jones 和 Ivar Jacobson 的想法。我收下书，承诺一周内告诉他我对该书的看法。

　　结果，我对那本书一见钟情。

　　书中的内容不仅说服了我，而且让我相信这就是通向未来的道路——是创新的语言，但不是创新本身。"Scrum 是一种催化剂，一种启动器……"我心想。那种感觉真是醍醐灌顶，我猛然意识到自己在过去 17 年的工作中一直在将就，一直在强迫自己做违背内心的事情。

　　我感到求知若渴。

　　我读了一本又一本敏捷方面的书，参加了 CSM（Certified ScrumMaster）培训，并且只上 Ken Schwaber 本人教授的课程，助教是 Tom Mellor。我还记得在大约 70 人玩"经理和员工"游戏时，试图在会议室里走上 60 步，也记得职业棒球大联盟票务系统的模拟练习。当时的我就像糖果店里的一个小孩。这是我第一次参加一个既有趣又实用，还能学到东西的认证培训。

除了企业的质量保证管理，我还开始从事有偿 Scrum 教学工作。我担当了临时 Scrum 主管，指导企业利用反馈循环进行改进，还向他们解释为什么应该固定成本和时间，却令范围保持弹性以便应对变化。

自 2007 年以来，我以全职员工或顾问的身份为许多企业提供了培训、辅导、指导和建议（见表 P-1），这些经验就是我写作本书的素材。虽然不便透露我在这些企业中的具体工作内容，但我会列出这些企业的名称，以增加书中建议的可信度。

表 P-1　自 2006 年以来我以敏捷培训/指导的方式合作或工作过的企业或组织（按字母排序）

Absolute Software	PayPal
Access Group	Petroleum Helicopters International, Inc.
ADP	Pfizer（旧名 Wyeth Pharmaceutical）
Arkieva	PHI Helicopter
CapitalOne（旧名 ING Direct）	Pictometry
Comcast	Project Management Institute（PMI）
Credit Acceptance Corporation	Rohm And Haas
CSL Behring	西门子
美国联邦储备银行	Snap-On
Fidelity Investments	T. Rowe Price
通用电气（GE）	TaxAnalysts
通用汽车（GM）	美国邮政总局（USPS）
Internal Revenue Service（IRS）	美国财政部
Invista	VWR International
微软	Wilmington Trust
NAVTEQ	

我也是生活在现实世界里的人。多年来，我的一些学生由于看不到更多可能性，或者缺乏远见或勇气，认为自己才是"生活在现实世界里"。这时，往往就需要跟他们讲一讲我在现实世界中从事敏捷的**真实经验**了……

为方便获取内容更新和更正①，请注册本书（英文版）。注册流程如下：访问 informit.com/register，登录或注册之后，输入本书（英文版）的 ISBN（9780134191706），然后点击提交。提交之后，即可获取"Registered Products"下的附加内容。

致谢

对我来说，写作本书是一项艰巨的任务，是我在职业生涯中遇到的最难的事情之一。

有人可能会说，想到什么就写什么呗，多容易啊。也许有人是这么做的，但我还没有那么大胆。我必须在原始情绪、热情、幽默和几分夸张，以及专业性、得体和实用性之间找寻平衡。

因此，我必须要感谢那些在创作过程中启发、激励、支持过我的人，不限于下面这份名单。

首先感谢我的灵魂伴侣、挚友、妻子、孩子的母亲和主要的灵感来源，Katie。她从来没有怀疑过我，而我总是怀疑自己。

感谢我的好朋友 Dave Prior，他热情而善良。无论外界如何，他一直保持理智。

感谢我的导师和偶像 Mike Cohn。他总能帮我专注于目标，无论仇视我的那些人说什么（他们和我根本就不是一类人）。

感谢我的死党 Stephen Forte。把枪留下，把卡诺里卷带走吧……

---

① 关于本书中文版的勘误，请至图灵社区（https://www.ituring.com.cn/book/1964）查看或提交。——编者注

目录

第 1 章　敏捷概览 ⋯⋯⋯⋯⋯⋯⋯⋯⋯⋯⋯⋯⋯⋯⋯⋯⋯⋯⋯⋯⋯⋯⋯⋯⋯⋯⋯⋯⋯⋯⋯⋯⋯⋯ 1

1.1　瀑布式开发与敏捷开发 ⋯⋯⋯⋯⋯⋯⋯⋯⋯⋯⋯⋯⋯⋯⋯⋯⋯⋯⋯⋯⋯⋯⋯⋯⋯⋯⋯⋯ 2

1.2　一个“敏捷”实验 ⋯⋯⋯⋯⋯⋯⋯⋯⋯⋯⋯⋯⋯⋯⋯⋯⋯⋯⋯⋯⋯⋯⋯⋯⋯⋯⋯⋯⋯⋯ 8

1.3　敏捷、精益、六西格玛、PMP 等方法论之间的差异 ⋯⋯⋯⋯⋯⋯⋯⋯⋯⋯⋯⋯⋯⋯ 9

1.4　敏捷不适合你 ⋯⋯⋯⋯⋯⋯⋯⋯⋯⋯⋯⋯⋯⋯⋯⋯⋯⋯⋯⋯⋯⋯⋯⋯⋯⋯⋯⋯⋯⋯⋯ 11

1.5　Scrum 认证的竞争优势与招聘一致性 ⋯⋯⋯⋯⋯⋯⋯⋯⋯⋯⋯⋯⋯⋯⋯⋯⋯⋯⋯⋯⋯ 14

1.6　去获得认证吧 ⋯⋯⋯⋯⋯⋯⋯⋯⋯⋯⋯⋯⋯⋯⋯⋯⋯⋯⋯⋯⋯⋯⋯⋯⋯⋯⋯⋯⋯⋯⋯ 16

1.7　充分利用大会之类的活动 ⋯⋯⋯⋯⋯⋯⋯⋯⋯⋯⋯⋯⋯⋯⋯⋯⋯⋯⋯⋯⋯⋯⋯⋯⋯⋯ 19

1.8　我拿到认证了，然后呢 ⋯⋯⋯⋯⋯⋯⋯⋯⋯⋯⋯⋯⋯⋯⋯⋯⋯⋯⋯⋯⋯⋯⋯⋯⋯⋯⋯ 22

1.9　再见了，我的朋友 ⋯⋯⋯⋯⋯⋯⋯⋯⋯⋯⋯⋯⋯⋯⋯⋯⋯⋯⋯⋯⋯⋯⋯⋯⋯⋯⋯⋯⋯ 24

1.10　小结 ⋯⋯⋯⋯⋯⋯⋯⋯⋯⋯⋯⋯⋯⋯⋯⋯⋯⋯⋯⋯⋯⋯⋯⋯⋯⋯⋯⋯⋯⋯⋯⋯⋯⋯ 28

第 2 章　真实的企业 ⋯⋯⋯⋯⋯⋯⋯⋯⋯⋯⋯⋯⋯⋯⋯⋯⋯⋯⋯⋯⋯⋯⋯⋯⋯⋯⋯⋯⋯⋯⋯ 29

2.1　如何将 Scrum 规模化以适用于大型团队 ⋯⋯⋯⋯⋯⋯⋯⋯⋯⋯⋯⋯⋯⋯⋯⋯⋯⋯⋯ 29

2.2　对 SAFe SPC 培训的反思 ⋯⋯⋯⋯⋯⋯⋯⋯⋯⋯⋯⋯⋯⋯⋯⋯⋯⋯⋯⋯⋯⋯⋯⋯⋯⋯ 32

　　2.2.1　概述 ⋯⋯⋯⋯⋯⋯⋯⋯⋯⋯⋯⋯⋯⋯⋯⋯⋯⋯⋯⋯⋯⋯⋯⋯⋯⋯⋯⋯⋯⋯⋯ 32

　　2.2.2　SPC 课程 ⋯⋯⋯⋯⋯⋯⋯⋯⋯⋯⋯⋯⋯⋯⋯⋯⋯⋯⋯⋯⋯⋯⋯⋯⋯⋯⋯⋯⋯ 33

　　2.2.3　背景 ⋯⋯⋯⋯⋯⋯⋯⋯⋯⋯⋯⋯⋯⋯⋯⋯⋯⋯⋯⋯⋯⋯⋯⋯⋯⋯⋯⋯⋯⋯⋯ 33

　　2.2.4　观察 ⋯⋯⋯⋯⋯⋯⋯⋯⋯⋯⋯⋯⋯⋯⋯⋯⋯⋯⋯⋯⋯⋯⋯⋯⋯⋯⋯⋯⋯⋯⋯ 34

　　2.2.5　结论 ⋯⋯⋯⋯⋯⋯⋯⋯⋯⋯⋯⋯⋯⋯⋯⋯⋯⋯⋯⋯⋯⋯⋯⋯⋯⋯⋯⋯⋯⋯⋯ 38

2.3　企业从瀑布式开发转型为 Scrum 时遇到的最大障碍 ⋯⋯⋯⋯⋯⋯⋯⋯⋯⋯⋯⋯⋯ 39

　　2.3.1　大锤 ⋯⋯⋯⋯⋯⋯⋯⋯⋯⋯⋯⋯⋯⋯⋯⋯⋯⋯⋯⋯⋯⋯⋯⋯⋯⋯⋯⋯⋯⋯⋯ 39

　　2.3.2　猎枪法 ⋯⋯⋯⋯⋯⋯⋯⋯⋯⋯⋯⋯⋯⋯⋯⋯⋯⋯⋯⋯⋯⋯⋯⋯⋯⋯⋯⋯⋯⋯ 40

　　2.3.3　只看结果的人 ⋯⋯⋯⋯⋯⋯⋯⋯⋯⋯⋯⋯⋯⋯⋯⋯⋯⋯⋯⋯⋯⋯⋯⋯⋯⋯⋯ 40

　　　2.3.4　反抗者 ·· 43

　2.4　僵化的敏捷 ·· 44

　2.5　如何克服不利于 Scrum 意识形态的企业文化 ·· 46

　2.6　如何让领导们接受敏捷培训 ··· 49

　2.7　小结 ·· 52

第 3 章　真实的产品 ··· 53

　3.1　我们是否拥有足够的洞见，能了解顾客最想要什么或接下来想要什么 ················ 54

　3.2　将需求拆解为史诗和用户故事 ··· 55

　3.3　Nordstrom 明白我的需求 ··· 56

　3.4　将产品待办列表拆解为冲刺 ·· 58

　3.5　为什么每个增量都需要是可发布的或对终端用户有价值 ····································· 60

　3.6　产品待办列表和冲刺待办列表之间有何区别 ·· 62

　3.7　冲刺计划会议内容 ·· 65

　3.8　冲刺的一般长度 ··· 68

　3.9　如何衡量产品交付/预计完成日期的进度 ·· 69

　3.10　完成的就是完成了：用户故事 ··· 72

　3.11　故事点和燃尽图 ··· 75

　3.12　嘿！我可以同时实现固定成本和固定日期 ··· 82

　3.13　燃尽图的各种趋势说明了什么 ··· 84

　　　3.13.1　小幅上扬 ··· 85

　　　3.13.2　水平线 ·· 85

　　　3.13.3　急速下降 ··· 86

　　　3.13.4　完美直线 ··· 87

　3.14　冲刺之间该不该做出重大改变 ··· 88

　3.15　小结 ··· 89

第 4 章　真实的团队 ··· 90

　4.1　有关于自组织的建议吗 ·· 91

　4.2　就驱动过程的能力而论，Scrum 主管与产品负责人/项目经理如何相容 ················ 94

　4.3　如何提问 ·· 97

　4.4　质量保证团队应该属于内部还是外部 ·· 99

4.5　Scrum 主管最重要的技能是什么 ·· 101

4.6　Scrum 团队和看板团队如何有效合作 ·· 103

4.7　幸福是一种责任 ·· 105

　　4.7.1　少即是多 ·· 106

　　4.7.2　快乐起来 ·· 106

4.8　开发团队成员能否成为高效能的 Scrum 主管 ·· 108

4.9　团队如何从管理层获得真正的自主权 ·· 110

4.10　从培训课程、大会或者研讨会中学到的哪些东西可以立即应用 ····································111

4.11　UX/UI 人员在 Scrum 团队中的位置 ·· 113

4.12　Scrum 中为什么有这么多会议 ·· 115

　　4.12.1　发布计划会议 ·· 115

　　4.12.2　冲刺计划会议 ·· 116

　　4.12.3　每日 Scrum 站会 ·· 117

　　4.12.4　冲刺评审会议 ·· 118

　　4.12.5　冲刺回顾会议 ·· 118

　　4.12.6　产品待办列表精化 ·· 119

　　4.12.7　总结 ·· 120

4.13　让人们接受自我管理的最有效方法是什么 ·· 120

4.14　小结 ·· 122

第 5 章　真实的人和故事 ··· 123

5.1　我的敏捷之旅——Manny Gonzalez（Scrum 联盟首席执行官）····································· 123

5.2　我的敏捷之旅——Anu Smalley（敏捷教练和培训师）··· 128

5.3　我的敏捷之旅——Alan Deffenderfer（顾问）··· 129

5.4　我的敏捷之旅——Jaya Shrivastava（敏捷培训师和教练）··· 130

　　5.4.1　初创公司天生敏捷 ·· 131

　　5.4.2　将初创公司带上敏捷之路 ··· 132

　　5.4.3　需求管理 ·· 132

　　5.4.4　为一个人赋予多个敏捷角色 ··· 132

　　5.4.5　客户的悲观主义 ··· 133

5.5　我的敏捷之旅——Ebony Nicole Brown（企业转型高级教练和培训师）····················· 133

5.6　我的敏捷之旅——James Gifford（敏捷教练/敏捷转型专家）······································· 138

5.7　我的敏捷之旅——Jean Russell（文化炼金术士和茁壮发展女王） ·········· 142

　　5.7.1　使用个人看板做草图 ··· 142

　　5.7.2　在指导中使用每日 Scrum 站会的变体 ································· 143

　　5.7.3　同伴工作 ··· 143

　　5.7.4　推而广之 ··· 144

5.8　我的敏捷之旅——Dave Prior（CST） ·· 144

　　5.8.1　我是如何入行的 ·· 144

　　5.8.2　关于敏捷的第一次对话 ·· 144

　　5.8.3　第一次敏捷转型 ·· 145

　　5.8.4　敏捷劝诫会 ··· 145

　　5.8.5　漫漫长路 ··· 145

　　5.8.6　临别提醒 ··· 146

5.9　我的敏捷之旅——Michelle Slowinsky（Association Applications Group 有限责任公司

项目经理） ·· 146

5.10　我的敏捷之旅——Gavin Watson（沃森公司首席执行官） ··············· 147

5.11　我的敏捷之旅——Kanwar Singh（IT 项目群经理） ······················ 150

5.12　我的敏捷之旅——Sam Laing（Growing Agile 敏捷教练和培训师） ······ 152

5.13　我的敏捷之旅——Joel Semeniuk（首席创新官和孵化总监） ············· 153

5.14　我的敏捷之旅——Kristin Kowynia（Paylocity 产品负责人） ············· 156

第 6 章　常用的术语和定义 ··· 161

第 7 章　更多图书供进一步探索 ·· 182

第 1 章
敏捷概览

刚开始学习敏捷时，很多人会被各种价值观、原则和实践搞得晕头转向，这在很大程度上是因为人们心中理想企业的形象与人性的闪光点往往背道而驰。人类天性充满好奇、重视经验、热爱探索、不断学习，等等；但是在企业中，人们却被迫遵守各种规则和流程，被迫循规蹈矩、按部就班。

采用敏捷的思维模式就意味着回归人类的创新天性，在各种程序和流程之外，不断探索进一步优化的可能。

本章探讨的内容涉及敏捷的各个领域和概念，既包括 Scrum，也包括看板方法（Kanban）、精益（Lean）以及其他在广义上划归敏捷的方法。本章提出的问题和给出的答案都取自真实事例和真实人物（我的学生和客户等）的陈述。

1.1 瀑布式开发与敏捷开发

瀑布式开发最初由 Winston Royce 在其 1970 年发表的开创性论文 "Managing the Development of Large Software Systems" 中提出。这篇论文表示瀑布式开发 "……有风险，且容易失败"。这篇文章旨在强调迭代式开发比瀑布式开发更有效，但人们常常忽略或忘记这一点。

瀑布式开发

通常说来，瀑布式开发是指面向阶段的单次式软件开发方法。在瀑布式开发的工作流中，每个阶段的工作与其他阶段是隔离的，经常还有正式的签收流程——这一点类似于瀑布中的不同水位，正如水永远无法逆流到更高水位上。

究其本质，瀑布式开发是指阶段式的开发方法，即只要开发周期包含多个独立阶段，并且以正式的交接或签收流程作为进入下一阶段的条件，这种开发模式就属于瀑布式开发。

图 1-1 以过程流程图展示了一个历时 12 个月的瀑布式开发项目。

示例：历时12个月的瀑布式开发项目

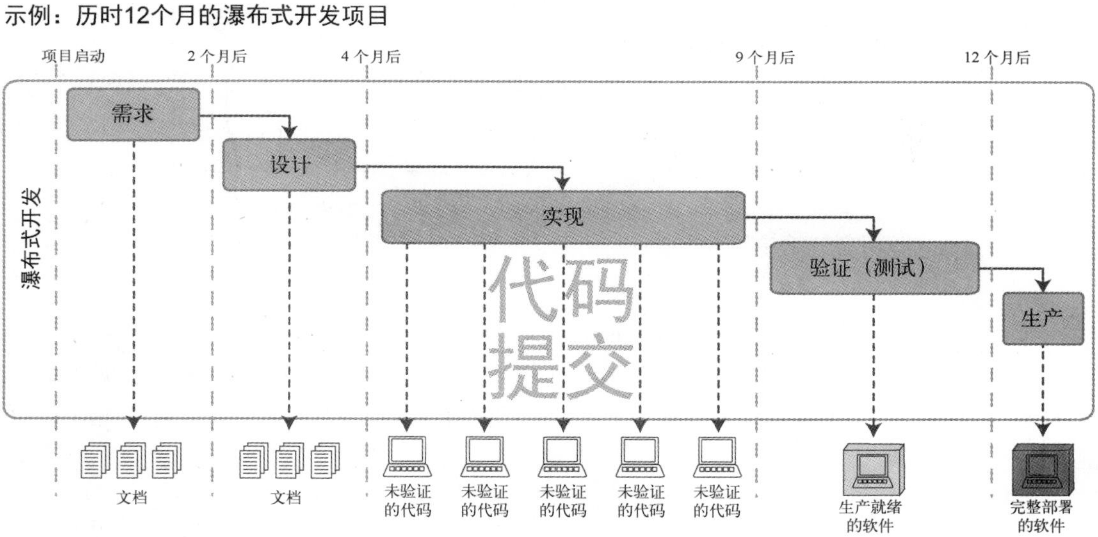

图 1-1 瀑布式开发的交付模型

请注意，从项目启动一直到 9～12 个月后为止，整个过程中都没有经过测试的可用代码。在这种情况下，项目的价值交付是延迟的，而不是在项目生命周期内循序渐进地完成的（见图 1-2）。如果中间某个环节的资金被切断，那么此时的软件可能没有任何部分可用，整个软件都会付之东流。此外，在产品开发过程中，客户和利益相关者既不确定他们的投资是否正在创造价值，也不确定产品是否会符合预期，只有一个关于产品外观和功能的"承诺"。

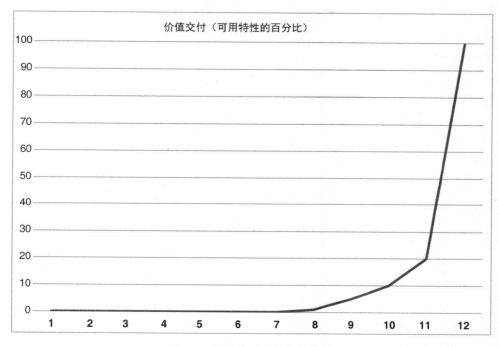

图 1-2　瀑布式开发的价值交付

　　瀑布式开发从理论上讲非常符合逻辑，而且人类往往相信自己在动手开发之前就可以预见一切意外、风险和未知因素。然而，历史一次又一次地证明，人类既没有超自然感受力，也不擅长占卜算命，更无法预知未来——最重要的是，人类预测以及降低风险（包括顾客需求变动、市场方向变化和技术故障）的能力并不算太强。

　　对于企业来说，如果项目的需求非常明确，并且永远不会发生变化，那么采用瀑布式开发可能没什么问题。但是若想实现这种情况，就需要商业战略、顾客需求和利益相关者的意见一致性完全确定，并且在技术设计、架构和解决方案的实现方面有十足的把握，不存在丝毫变化的风险。依照上述两方面因素，Ralph Stacey 将企业划分成了不同类型，如图 1-3 所示。

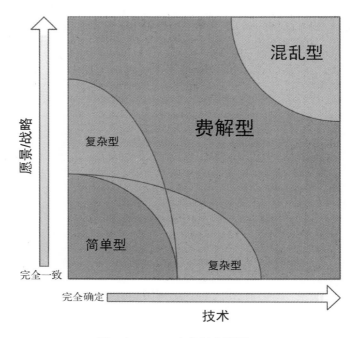

图 1-3　Stacey 企业复杂度图

　　简单说来，瀑布式开发适用于在愿景/战略和技术上都没有丝毫变化和不确定性，能够实现完全一致性和确定性的企业。

　　极少有企业能够消除所有变化和不确定性。大多数企业运行着僵化、基于预测的流程，因此遇到顾客需求变化、技术进步、政策调整、社会变迁、劳动力转移，以及其他对产品和服务的开发和交付产生影响的诸多因素时，就会出现各种问题。

　　为了更有效地应对变化，甚至将变化作为一种战略和竞争优势来加以利用，企业应该采用一种迭代式/增量式的方法来开发和交付产品或服务，这种方法就是敏捷。

　　严格说来，敏捷是指"敏捷软件开发宣言"（敏捷宣言）中规定的价值观和原则。

　　　　我们一直在实践中探寻更好的软件开发方法，
　　　　身体力行的同时也帮助他人。由此我们建立了如下价值观：
　　　　个体和互动高于流程和工具；
　　　　可工作的软件高于详尽的文档；
　　　　客户合作高于合同谈判；
　　　　响应变化高于遵循计划。

也就是说，尽管右侧各项也有其价值，
但是我们更重视左侧各项的价值。

在这些价值观之上，还提出了 12 条原则。

我们遵循以下原则。
我们最重要的目标，是通过持续不断地
及早交付有价值的软件使客户满意。

欣然面对需求变化，即使在开发后期也一样。
为了客户的竞争优势，以敏捷过程掌控变化。

经常交付可工作的软件，
相隔几星期或一两个月，倾向于采取较短的周期。

业务人员和开发人员必须合作，
项目中的每一天都不例外。

激发个体的斗志，以他们为核心搭建项目。
提供所需的环境和支持，辅以信任，从而达成目标。

不论团队内外，传递信息的最高效且效果最佳的方式是
面对面交谈。

可工作的软件是进度的首要度量标准。

敏捷过程倡导可持续开发。
负责人、开发人员和用户要能够共同维持其步调稳定延续。

坚持不懈地追求卓越技术和良好设计，由此提高敏捷能力。

以简洁为本，它是极力减少不必要工作量的艺术。

最好的架构、需求和设计出自自组织团队。

团队定期反思如何能提高成效，
并据此调整自身行为。

价值观和原则可以初步描述并定义企业文化，如果再加上实践等要素，就可以形成企业文化的全貌。

敏捷本身并不提供任何具体实践。12 条原则虽然为人们指明了方向，但仍有赖于个人选择。然而，如果企业的人员、管理和文化没有真正接纳敏捷的价值观和原则，那么无论使用哪个敏捷框架，敏捷实践都会难以进行。简单说来，按照定义，使得企业实现敏捷的是其信念和核心价值观，而不是它遵循的实践。

Scrum、看板方法和极限编程（eXtreme Programming，XP）等敏捷框架提供了一些实践作为轻量级的"规则"，帮助企业更好地利用敏捷的价值观和原则，从而更敏捷地思考。

例如 Scrum 定义了最小化的一组角色、工件和活动。这些元素共同发挥作用，每 1 到 4 周生产出有价值且可工作的软件。在最坏的情况下，开发团队也可以每个月产出一个可发布的产品价值增量，而不是每 12 个月。

图 1-4 展示了一个历时 12 个月的 Scrum 项目。请注意，每次冲刺都会得到可发布的代码。在图 1-4 所示的项目中，Scrum 团队会在每两次冲刺后将可发布的代码投入生产。

示例：历时12个月的Scrum项目

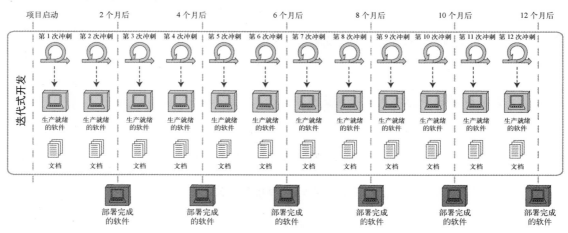

图 1-4　Scrum 交付模型

这样做可以增强利益相关者为产品开发工作提供资金的决心，因为他们在每次冲刺结束后都能获得一些交付成果，而不是只能翻来覆去地打量手上的"期票"。

　　试想你花了 75 万美元雇人盖一栋房子，但是在完全盖好之前，建筑商都不让你参观，哪怕看一眼都不行。如果是这样，那么最终盖好的房子难免会让你失望，可能是因为你早已厌倦了当初敲定的柜子样式或者房间布局，也可能是因为建筑商误解了你想要的布线或者卫浴设施摆放的方式。

　　试想另一种情况：建筑商首先在地皮四周支起围栏，邀请你进行"初步考察"。在参观过程中你注意到，房子的朝向如果逆时针旋转大约 45 度会更好。等到地基浇筑完成之后，建筑商又邀请你参观地基板和地下室。这一次看起来不错，符合你的预期。

　　随着房子越盖越高，你对房子的预期不断得到确认，同时也有机会做出微小的甚至是大幅度的调整。

　　类似地，在 Scrum 项目中，顾客可以见证项目的价值交付过程（见图 1-5），并且有机会在此过程中轻微调整需求，以确保最终能够如愿得到他们想要的东西。

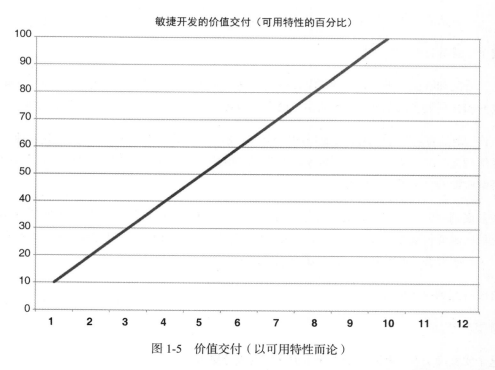

图 1-5　价值交付（以可用特性而论）

　　因此，相比传统的项目交付而言，敏捷的主要益处是，可以在产品生命周期的整个过程中迭代地交付价值增量并拥有检视和调整的机会，而不是只有在产品末期才可以。

1.2 一个"敏捷"实验

不妨试一试下面这个实验。

在整整一周里，只要在项目管理和软件开发等方面的语境中听到"敏捷"这个词，就试着将其替换为下面的语句。

> ……独立思考……
> ……与他人交流……
> ……生产人们想要的东西……
> ……考虑更多可能性……
> ……少犯点浑……
> ……用最简单的方式解决问题……
> ……让顾客满意……
> ……做一个"吹哨人"……
> ……像企业家一样负责和主动……

这个实验的目的是什么呢？

由于看到和听说了越来越多的"混合敏捷""基于管理的敏捷开发""规模化敏捷"这样的概念，我开始怀疑大多数人其实并不明白"敏捷"的真正含义，或者说这个词代表的精神。

也许"敏捷宣言"已经成了被滥用的口号？敏捷的价值观早已众所周知，然而我发现很多声称"理解敏捷"的人还没有看过，或是已经忘了"敏捷宣言"背后的 12 条原则。其实这些原则也为理解敏捷的含义提供了线索。

在前面列举的语句中，我试图避免使用"协作""价值""创新""授权"之类的流行词语，因为它们已经变得毫无意义、平淡无奇。人们常用这些词语夸夸其谈，却没有认真思考过它们的含义。人们想要获得收益和回报，却不愿意投资。

有没有感到一丝惊讶？

希望有吧。

这个实验确实有一些幽默的意味，但现实的成分更多。

倒不是说敏捷的真正含义是"嬉皮士爱之节日"，但敏捷的确意味着更好地对待和你共事的人，以及你所服务的顾客。

每个人的工作都是为了服务顾客，你甚至可以将自己和雇主之间的关系看作服务顾客。

在尝试这个实验时，如果你发现有些被人们打上"敏捷"标签的东西并不能替换成这些语句，那么可能说明那些东西并不是"敏捷"的。

1.3 敏捷、精益、六西格玛、PMP 等方法论之间的差异

这是一个很好的问题，在我的课堂上经常以不同形式被提及。尽管学生们并非总会问到上面列举的所有方法论，有时会提到 Scrum、软件开发生命周期（software development lifecycle，SDLC）等，但这个问题一定少不了。我认为，首先应该明确"方法论"和"框架"这两个概念之间的差别，然后再讨论具体方法。

方法论是由各种方法、工具和实践构成的系统，明确勾画出了各个阶段，以及每个环节需要做的工作。而框架定义了一些基本实践和模式，但是允许在执行这些实践和模式时适当调整。

正如 1.1 节所讨论的，敏捷本身既不是方法论，也不是框架，而是一套价值观和原则，反映了关于价值交付的一种哲学和思考方式。由于"敏捷宣言"的提出者属于他们那个时代的先驱，各自都在探索不同的软件开发实践，因此敏捷代表了许多方法的总和，而不是特定方法。在我看来，敏捷定义了 Scrum、极限编程、看板方法、自适应软件开发、快速应用程序开发等方法的共同宗旨，它更像一个概括性术语，从信念和精神的层面描述了这些实践目标的共同点。

敏捷和精益的共同点是通过减少浪费来交付价值的。就某些方面而言，精益和敏捷几乎是一回事，但精益也有一些特定元素，例如下面这 5 条原则：

(1) 识别价值；

(2) 分析价值流；

(3) 创造流动；

(4) 构建拉动式系统；

(5) 追求完美。

精益还识别出了在任何生产过程中都可能存在的 7 种浪费，无论生产类型如何，包括：

(1) 搬运；

(2) 库存；

(3) 动作；

(4) 等待；

(5) 生产过剩；

(6) 过度加工；

(7) 缺陷。

我们需要在考虑外部依赖约束的情况下，寻找减少甚至避免这些浪费的方法。也就是说，系统会受到不可控问题的影响，所以应该对系统性能而不是局部性能进行优化，因为局部性能的提升不一定会导致总吞吐量增加。

因此，这不是一个"使用 Scrum 还是……"或者"使用极限编程还是……"的问题。这些方法之间并非完全互斥，其中很多实践是相通的，即使是不同的实践，从更大的范围来看也是互补或兼容的。

六西格玛（Six Sigma，6σ）是一组实践和工具，但更注重通过度量和指标来实现优化，而不是通过有机的反馈循环。六西格玛的核心就是精益的总体目标：减少浪费，将价值最大化。

然而，由于六西格玛强调定量和定性的度量，因此许多敏捷倡导者认为六西格玛过于笨重，甚至在应用中有些差错；但是对于受到严格法规要求的行业来说，六西格玛为企业的转变和优化提供了理由。

对于不会对人身安全和公共福利构成极大风险或威胁的软件系统来说，优化性能和调整目标更多是由与顾客互动而不是指标检测来驱动的。

看板方法是一个框架，通过从头至尾追踪每项工作的状态，提高工作流（系统）中工作的透明度。其关键特性是，每个工作流状态都有一个相应的"进行中工作"（work in progress，WIP）数量上限，从而将整个工作流从一个推动式系统变成一个拉动式系统。在推动式系统中，可以将工作持续向工作流下游发送，不必担心瓶颈或溢出问题。在拉动式系统中，在下游的工作流状态出现空位之前，新增工作都不能在工作流中推进。唯一的例外是，在出现紧急工作的罕见情况下，可以使用快速队列来突破"进行中工作"数量上限。

看板方法可以与 Scrum 结合使用并取得一定的成功，尤其是在开发团队专注于建立一个符合"完成的定义"（definition of done）的连贯特性流，并且该特性流是通过持续部署而不是批量部署来得到可发布产品增量的情况下。Scrum 的作用在于，Scrum 仪式（活动）可以提供优化机制（反馈循环），例如团队成员可以定期审视团队的成长和成绩，并讨论团队工作的优化方式。这就是

Scrum 中"冲刺回顾会议"的概念。团队还可以定期反思产品，以确保产品符合顾客和利益相关者的预期，这就是 Scrum 中"冲刺评审会议"的概念。

相比 Scrum，极限编程更偏向工程实践而不是角色形式。这些工程实践包括持续集成、测试驱动开发、结对编程、验收标准的采用、代码重构，以及代码共有，等等。

还有其他一些实践组合，例如快速应用开发、动态系统开发方法（dynamic systems development method，DSDM）和 Crystal Clear 等，都影响并启发了"敏捷宣言"；甚至统一软件开发过程（rational unified process，RUP）的某些方面、"The New, New Product Development Game"（Takeuchi 和 Nonaka 于 1986 年发表）一文，以及传统项目管理的某些部分，都对敏捷有所影响。也就是说，虽然没有明确提及项目管理，但是用于"管理项目"的活动会自然而然地出现在敏捷的各种实践过程中。

更重要的是，企业需要建立一种文化，将变化、学习、人文关怀、负责任的成长、好奇心、实验、娱乐以及余量（见 Andy Stanley 的 *Take It to the Limit* 一书）看作可持续的开发节奏和关键动态，致力于提高顾客和员工的生活质量并造福世界。主动学习、提倡思想自由交流而无惧负面影响的企业，擅长创造让顾客满意的创新产品。

按照 Steve Denning 的 *The Leader's Guide to Radical Management* 一书中的说法，唯一重要的事情就是致力于让顾客满意，而这可以通过持续创新来实现。Steve Denning 的结论是，对利润、成本和股东价值的关注并不能带来预期的利润增长，但如果专注于交付让顾客满意的产品，利润自然会随之而来。

1.4 敏捷不适合你……

假设你正在和两名顾问讨论如何将你的企业转型为敏捷企业，从而更快地发展并领先于竞争者。

你向他们解释说，企业的利益相关者需要了解事情的进展，因此有些报告是免不了的。此外，你的产品受到塞班斯法案的监管，必须遵守相关要求。项目的资金划拨是提前两三年进行的，资金数额是根据项目的工作分解结构（work breakdown structure，WBS）详细估算出来的，这些事情都已板上钉钉。

你继续解释说，项目的团队成员遍布 4 个大洲，横跨 10 个时区，不可能重组团队并将成员召集到一起，即使只是为了制定发布计划。你的企业也没有相应的预算来负担网络摄像头、额外的显示器、团队办公室或者开放式办公空间，等等。

企业中的 Scrum 主管会负责 10 到 15 个团队，可能还会肩负其他责任。此外，产品负责人对整个业务单元负责，无法亲自编写用户故事，因此将由业务分析师来充当产品负责人在每个团队的代理人角色。

在花了 20 分钟向顾问说明所有情况，包括为什么这些事情都没有商量的余地之后，你问道："那么，你们觉得对我的企业来说，实现敏捷的最佳方式是什么？"

一阵沉默。

许久之后，其中一名顾问清了清嗓子说："敏捷不适合贵公司。"

你真的没听错吗？这家伙不明白吗？难道他已经实现了财务自由，不在乎失去大赚一笔的好机会？

有言道："如果你没听懂这个笑话，这个笑话就不适合你。"

如果你的企业不愿意为了学习而接受改变、尝试新事物或者进行实验，那么敏捷不适合你。

如果你的企业无暇为了员工的快乐而做到以人为本，不愿意在工具上投资，也不关心幸福指数或净推荐值之类简单的顾客满意度指标，那么敏捷不适合你。

如果你不愿意探寻"可能性"的真正含义，不愿意对打破常规的事情持开放心态，那么敏捷不适合你。

非常抱歉，但确实如此。

敏捷不是魔法。我们无法凭空变出什么东西，也无法鱼和熊掌兼得。如果想要获得甲，那么必须进行乙。你不能指望在维持现状的同时获得改善，因为世界不是这样运行的。

敏捷就意味着接纳变化的不确定性，并学习如何将变化为你所用。

作为顾问，我经常会在刚接触新客户的时候试一下水。我可能会描述一些最坏的情况，看看他们是否有接受的准备。我还会问他们是如何看待人，如何看待约束的，等等。

我是法学专业出身，对"可能性"非常感兴趣。即使身在培训班或是课堂上，我也常常像在法庭上一样侃侃而谈。

"作为一名高级软件开发工程师，你觉得自己是否有可能构建一些虽然很小，但是可以在整体架构上完整运行的生产就绪的特性？"

"不可能。任何有价值的东西都至少需要6周才能开发出来。"

"所以说，不可能在某个网页中添加一个字段和一个提交按钮，使得用户在点击按钮时触发某种业务逻辑，然后在数据库中一张只包含该字段的表里插入一个值？这绝对不可能实现吗？"

"呃，这个倒是可以实现。"

"我的话说完了，法官大人。"

把敏捷内化于心，就意味着对各种可能性和选择都保持开放心态。

从某种意义上说，把敏捷内化于心就像认识到并理解了创新的真正含义，正如艺术家理解创造力的含义。一个只是将颜料往画布上涂抹，但不知道自己在干什么的人，称得上是艺术家吗？绝大多数人会觉得不是。

类似地，我可以向一个人解释敏捷文化中的各种价值观、原则、实践和动态，但是无法告诉他如何具有创新性，这一点只能靠自己。

变化往往使人不适。

而通过不适，我们能学习并成长。

如果在所有事情上都感到舒适，就不是在学习。

如果你无法接受敏捷会让你感到不适这件事，那么抱歉，敏捷不适合你。

1.5 Scrum 认证的竞争优势与招聘一致性

不仅是 Scrum 认证或者敏捷认证，对于广泛意义上的职业认证，也可谓见仁见智。我们应该从多个角度来思考认证的问题。

首先，所有的认证、执照、文凭以及其他正式声明，能够提供的证明都是有限的。一名医生至少需要取得医学博士学位才能行医，但这个高级文凭到底证明了什么？说实话，只能证明此人完成了获得该文凭所需的全部基础培训、课程、实习和测验。世界上没有哪个测验能够准确评估一个人能把工作做得多好，是否真的关心他人和这个世界，是否是一个粗鲁的傻瓜或混蛋，等等。

我可能是一名优秀的医生，但是对待患者的态度十分糟糕，就像电视剧《豪斯医生》中的格里高利·豪斯。没有人喜欢豪斯这个人，没有人因为真的想找豪斯医生而找他——都是不得不找。包括律师在内的很多职业也是如此。

认证只能证明最低的资格，而不是最大潜能。培训只是打下基础，经验才使人茁壮成长。如果一个人只是完成了 CSM 课程，但是没有投入更多时间来阅读、学习、实验，等等，那么这个培训根本起不到什么作用。这种人掌握了用于在职场中生存的足够信息，但仅此而已。

然而，如果这个人发展并培养了对知识、信息和探索的渴望，那么他在职场中不仅能够生存下来，还能茁壮成长。生活中的大多数事情就是这样，一分耕耘，一分收获。

再则，从招聘决策者的角度来思考一下。如今，人才市场上有成千上万的应聘者。我常常听到人们抨击认证，说它是一种骗局，企业应该和应聘者交流，基于应聘者的水平而不是任何认证来做出招聘决策。依我看，做招聘的最终决策时确实需要考虑认证之外的因素，这一点毋庸置疑。

Scrum 指南中没怎么讨论招聘的问题（也许根本没有）。按照 Scrum 联盟的说法，招聘问题"在 Scrum 的讨论范围之外"。我觉得这种说法严格看来是没错，但它是一种借口。我相信 Scrum 团队既然可以做到自我管理和自组织，那么应该也可以集体决定谁能加入团队。

然而，Scrum 团队的成员通常忙于交付产品，无暇和成千上万声称自己具有足够经验的应聘者进行长时间交谈，因此他们仍然需要人力部门对应聘者进行筛选，得到一份尽量短的候选人名单。

因此，认证就像是一张舞会入场券。你可能是一名出色的舞者，漂亮又迷人，但是没有入场券就不能参加舞会，也就没有机会和任何人跳舞了。当然，你也可以自己办舞会——有些人就是这么干的，这也很不错。

我认识一些非常出色，但出于个人原则而拒绝接受认证的人。不过，他们经常会找我帮忙介绍 Scrum 主管或者敏捷教练的工作。我通常的答复是："自己先试试吧，然后我会尽力帮你。"

至于竞争优势，和大多数认证（以及广义上的产品/服务）一样，其中必然会涉及基于创新扩散理论的生命周期。按照罗杰斯（E. M. Rogers）的"创新性的类别"理论，绝大部分价值和机会出现在采纳的前半期，在创新者已经承受了风险并对创意做了足够的宣传，使得早期采纳者开始散播这个创意，一传十，十传百（见图 1-6）后，最终早期大众在更"保险"的时间加入潮流，而此时创意的影响也开始衰减了。当晚期大众意识到这个想法并非昙花一现之时，摆在他们面前的只有两种选择：要么追随潮流，要么自甘落后。当然，落伍者就真的掉队了。

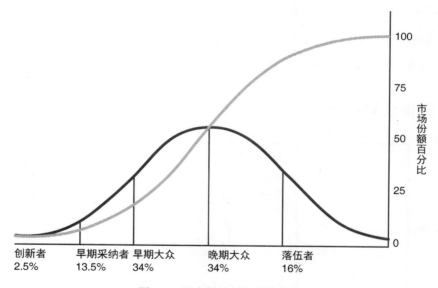

图 1-6　罗杰斯的创新扩散曲线

对于任何一种认证来说，大部分竞争优势体现在早期采纳者阶段。此时市场开始意识到这种认证的价值，但只有少数人拥有认证。成为创新者是极其困难的，除非你参与了该认证的实际创建，或者和该认证的开发者关系密切。

至于那些直到晚期大众阶段才获得认证的人，由于在人力市场上缺乏足够的竞争力，他们的求职过程可能会受影响。招聘决策者可能会跳过（在相应领域内）应聘 Scrum 主管的 10 万名潜在候选人，重点关注拥有 CSM 认证的 1 万名候选人。此外，熟悉认证等级结构的招聘决策者可能只会关心拥有 CSP（Certified Scrum Professional）认证的 100 名候选人。

认证至少可以说明一个人长期致力于扩充知识和技能。虽然没有"硬数据"来支持下面的说法，但是在我看来，那些不断完成培训和认证的人，也正是那些不断阅读新的图书和博客的人。他们是求知不倦的终身学习者。

就总体的竞争优势而言，我认为距离敏捷认证到达晚期大众阶段仍然有很长的路要走。近年来很多报告表明，Scrum 认证课程的入学数量正在呈指数级增长。

对于那些希望在人力市场上获得一项竞争优势的人，建议去看看有哪些认证是可以获得但还没有获得的，然后把它们补上……但是不要止步于此。如果你符合申请 CSP 的资格，但还没有获得 CSM，建议首先获得 CSM，然后立即申请 CSP。（不断学习、成长，开拓视野，并且去完成那些可以证明自己知识的其他认证和课程吧。）

更重要的是，无论做什么事情，都要追求卓越。一项认证说到底不过是一张纸，你与其他人的互动、你所建立的关系，以及你的真实贡献才是你的真正价值。

1.6 去获得认证吧……

有些人认为认证毫无意义，这种想法并不鲜见。

但近来有些人似乎将抵制认证（甚至是抵制广义上的培训）奉作人生使命。事实上，有些人已经开始侮辱和谩骂培训和教练了。

我能理解他们。

我明白这些人反对认证和培训的某些理由，但是不赞成他们的"解决方案"。其实他们也谈不上有什么解决方案，所谓的"解决方案"更多的是解决方案的缺失，或者缺乏组织的无所作为——一种放任自流而已。

（我也不赞成他们针对教练个人和教练群体的言语攻击，非常不得体、没涵养。）

如果我是一名招聘主管、招聘专员，或者负责招人的开发团队成员，那么对于1000到2000名认为自己或许能够胜任我们唯一空缺岗位的应聘者，我是没有时间和他们逐一交谈的。我需要某些标准来限定最低知识要求，以此缩短候选人名单。我希望看到一个人通过他的某些成就（例如认证），初步证明自己对职业学习/终身学习的热情。

这只是认证的一个目的：有点像维护一个学习日志（我坚持记录学习日志，并且鼓励大家也这么做），但这绝不是它的唯一价值。

如果我面前的这个人拥有多个认证，但是无法通过举例和类比等方法来清晰地解释各种概念，也不能展示他是如何应用这些知识的，在完成认证之后有什么成长，他又是如何看待认证的局限性的，等等，那我是不会想聘用他的。

按照这个思路，再换一个视角。

假设你信奉传统医学，只向至少具有医学博士学位的医生寻求医学建议或治疗（法律也是这样要求的），这只是你能接受的最低认证水平，你还会要求骨科、妇产科、心脏科、肠胃科、儿科之类更高级的认证。

除此之外，你还会寻找那些与你的风格和文化背景相似，性格又很好，对患者彬彬有礼的医生——那些在解决你的健康问题上与你"合得来"的医生。

试想你正在"征招"一位肿瘤学医生为你治疗，有数千名医生提交了申请。你难道不会至少看看他们是否在肿瘤学上拿到了专业认证，就去和这些申请人逐一交谈吗？

也许你会这样做。也许你足够幸运，只有那些真正懂肿瘤学的医生提交了申请。

然而，也许有些提交申请的医生只是自认为懂肿瘤学，你会希望这样的人为你治疗吗？

我在大学主修法律预科，对法律的很多方面有浓厚兴趣。平时我会关注法庭案件，阅读法律意见书，非常仔细地查看法律条文，等等。（我还看了电视剧《法律与秩序》。）我真的对法律很有热情。你会希望我代表你出庭吗？我保证会尽力的。

有句话说："只有傻子才会代表自己出庭。"如果你雇用我作为律师代表你出庭，那你傻到家了，因为我连法律学校都没上过，也没有获得美国律师协会或者任何州律师协会的认证。我甚至可能比美国律师协会认证的一些律师更好，但我还是没有认证，而认证是进入"舞会"的入场券。

在为你的企业招聘 Scrum 主管时，前来申请的应该会有数千人之多，他们都认为自己能够胜任。你是打算面试所有人，还是希望先看看谁有 CSM？这些人至少完成了为期两天的课程，并通过了一个 Scrum 测验。也许 1000 人中会有 500 人符合这个条件。

在考虑 CSM 之前，不妨先看看那些拥有 CSP 的人，也许 100 人中会有 50 人符合条件。你知道这些人不仅完成了两天的课程并通过了测验，还积累了大量有据可查的 Scrum 经验，而且还通过获取 Scrum 联盟的 SEU（Scrum education unit）学分，参与社群和持续学习。

在拥有 CSP 的申请者中，我可能会进一步关注那些正在攻读企业发展、变革管理、心理学、社会学、工商管理等高级学位的人，因为这些学科有助于提升个人效率。也许 100 人中只有 10 人符合条件。

如果已经看完了至少拥有 CSM 认证的 500 个人，我猜下一步就是去看看那些什么都没有的人了。

认证不是评估一个人的技能、价值或潜力的唯一指标，但是认证为进一步接触和了解一个人提供了很好的前提。

另外，如果你计划为企业购买培训课程，但是不想要认证，并且希望利用这个筹码来谈折扣，请再考虑一下吧。对于 CSM、Certified Scrum Product Owner 和 CSPO（Certified Scrum Product Owner）来说，带认证和不带认证的培训的费用差别是每人 50 美元，即每个学生的认证注册费用。无论认证与否，培训过程都是完全相同的。（还有，如果你的雇主为你购买了一次培训课，但是不让你获得认证……呃……凭什么呢？）

有些读者肯定会想："你当然会这么说了，丹尼尔，因为你从事培训和认证工作，这显然是为了自己的利益。"

你当然可以这样解读我对认证的支持。

或者，你也可以这样想：我之所以成为了一名 Scrum 教练，是因为我相信认证可以为人提供一个很好的基础……这样想就对了。

我希望确保每个从我的课堂走出去的学生，都对学习和成长抱有似火的热情，并且对 Scrum 的理解能够达到在为期两天的培训班中可以达到的最佳效果。当学生们完成了课程，拿到了那张虚拟的纸（证书）之后，我还会为他们提供其他增值服务。我一贯鼓励他们继续学习，并为他们答疑解惑。

对了，还有一点过往细节要讲。

我对认证的兴趣可以追溯到在美国项目管理学会（PMI）工作时期，当时我和其他几位热情的行业思想领袖一同负责开发 PMI-ACP（Project Management Institute-Agile Certified Professional）认证，也就是说，当时指导人们获得认证并不会给我带来任何好处。

1.7　充分利用大会之类的活动

我经常参加各种 IT 行业活动，特别是敏捷软件开发的相关活动。在这些活动中，我的身份常常是主席、演讲者、审稿人或志愿者。

对于在世界各地参加此类活动的人，我想在这里分享一个内幕，一个巨大的秘密，所以请好好珍惜和利用它。

准备好了吗？

你所参加过或者想要参加的各种活动，并不是为你准备的。

（深呼吸……咆哮……）

没错。虽然听上去有些难以接受，但这些活动并不是针对个人需求量身打造的，而是旨在满足成百上千人的基本需求。即使是培训班和课堂之类的小规模活动，也不是以某个人为中心的。

回忆一下你上一次安排家人或朋友共进晚餐的情景。选择餐厅是一件容易的事情吗？确定日期和时间呢？所有人都很享受吗？有没有出现什么问题或者抱怨？达到预想的目标了吗？

下面设想为家人或朋友安排一整天的饭菜……以及能让他们开开心心度过这一天的各种活动。然后，想象一下将其延长为 3 到 5 天是什么样子，再将人数增加为 600 到 2400……这些人来自世界上 36 到 100 个国家，文化各异……而且活动场地在国外。

现在你大概会明白，对于这种规模的活动策划来说，单是后勤层面就有多么复杂了吧？我问过很多人，他们甚至不愿意尝试策划较小规模的活动，因为难度太大了，更不用提大型活动了。

当然，我也听到很多人说他们有多么喜欢"策划活动"，活动策划多么有意思，或者这种经历有多棒。对此我只是微微一笑，然后继续听他们描述活动策划中的"世外桃源"……其实他们只是喜欢策划自己的假期罢了。对于大型活动的全貌，以及其中需要的各种协调工作，大多数人是没有概念的。

在我们向活动参加者征求反馈意见时，意外地发现，很多人的关注点在水和咖啡的供应、可选择的特殊餐食、休息频次等后勤问题上。

我的建议如下。

- ❏ 如果你希望整天都能喝到不错的咖啡，就去星巴克吧。
- ❏ 如果你需要每隔一两个小时进食一次，或者有特殊餐食需求，就自己带些吃的。
- ❏ 如果你怕冷，就带一件毛衣。
- ❏ 如果你怕热，就少穿一点。
- ❏ 如果你不喜欢活动中的某个场次，就去参加另一个场次。
- ❏ 如果你不喜欢任何一个场次，就自己提交主题。
- ❏ 如果你不喜欢上述建议，并且仍然对活动感到失望，就别去了……

或者，你可以针对活动内容提一些建设性的改进建议，但在提建议时不要沉溺于马斯洛需求层次中的低层次需求。对于人类而言，这些低层次需求自然会在适当的时间和地点做出提醒，人体自有判断。

相反，想一想有多少人也在活动现场，什么事情可以让更多人受益？

也许有的主题对很多人来说非常重要。

也许有的主题范围太窄，需要你自己策划一个活动，供这个小众主题下的少数主题专家（subject matter expert，SME）参与。

也许你正在寻找非常具体的个人建议、辅导或者培训，那么你（或者你的企业）需要聘请一名教练，从而满足目标议程。

参加大型活动时，你可以试着从活动发起人和员工的角度思考一下。他们在有限的条件下，为了让尽可能多的人满意而忙得焦头烂额。不是他们不关心你或者你的需求，而是他们需要面对600 到 2400 多个"你"。

如果有些地方没有达到你的预期，很可能不是因为活动员工考虑不周。

如果活动没有全天供应咖啡和水，很可能是因为那个活动场地非常好，这项服务的收费不菲。你会想在报名费上多花 200 美元，换来全天供应的咖啡和水吗？对于为期 3 天的活动来说，就是每天大约 67 美元，差不多 10 杯星巴克高端饮料的价钱。

不是所有人都想喝咖啡。可能你花那么多钱，受益的是喜欢喝咖啡的他人。作为一个专注于学习和互动的人，我不会费心于这种事情。

想喝咖啡？去星巴克吧。

或者去你喜欢的其他咖啡店。

或者去场地的餐厅点一杯咖啡带走。完美，这正是你想要的。

在敏捷这个主题下，我们提供热火朝天、丰富多彩的对话、演讲和培训班。

作为活动发起人，我的目标是带你稍稍走出舒适区，刺激你的求知欲。

在身体层面，只需确保你的基本生理需求得到满足，使你的大脑可以维持运转，让你能够理解、思考、感受、表达，等等。

我非常希望有人能走过来，跟我说一段类似的话："……刚才在谈论蝴蝶时，你说你成为不了一只蝴蝶，因为你不够'漂亮'。这个玩笑有点冷。我心想：'嗯，丹尼尔长得还算不错。如果连他也觉得自己不如蝴蝶有魅力，而成为不了一只蝴蝶的话，我显然更不够格了。'"

这是对我有帮助的信息。

听人抱怨场地的问题是一件非常无聊的事情。如果起火了，那就去拉响火警，然后拨打 911 之类的紧急电话。如果没有，或许可以再集中一些注意力，直到你忘掉这些问题。

我们不是在为你策划一个小的假期。

希望这些活动对你产生深远的意义，助你成长，终生受益。

（咆哮）

1.8 我拿到认证了，然后呢

首先，恭喜你！

你付出时间和精力换来了一项认证，它可以帮你从资历相近却没有认证的几千人中脱颖而出，但是你可能会问："然后呢？"

好问题！

认证虽然很有价值，但还不能完整地定义你是谁。事实上，你获得的任何认证都只是一段旅程的起点，或者是成长之路上的一块垫脚石。

多年来，我拿到了各种认证，这些认证有助于展示我在敏捷/Scrum 和项目管理方面的知识与能力水平。然而，真正的参与、充实和满足感，都是通过从事其他活动实现和获利的，远胜过认证。

下面介绍几种方法，帮你通过参与社群学习和活动，提升技能、资质和在人力市场上的整体价值。不过，不要把它当成待办清单。这些建议旨在帮你进步，有时选择太多反而不知从何下手。

首先，如果你有兴趣在 CSM、CSPO 或 CSD 之上更进一步，或许可以考虑 Certified Scrum Professional（CSP）认证。

CSP 可谓 Scrum 联盟认证阶梯的又一个台阶，能把你和其他应聘者进一步区分开来。即使你对获取 CSP 不感兴趣，也可以参考 Scrum 联盟网站上的 "Earn SEUs for Your CSP" 一文。这篇文章涵盖了通过参与社群来获得进步的各种方法，尤其是按照不同类别详细列出了很多建议，教你如何通过回馈来参与社群，以及如何在学习之旅中继续前行。

回馈社群和帮助他人不仅是建立专业支持系统和结交朋友的好方法，而且能提升自己的满足感。无论是为他人解答简单的问题，还是以导师的身份帮助他人，做好事都会使人快乐。

还有一种看待 CSP 的角度：如果你已经在为社群做贡献，在为自己的进步付出努力，也拥有 Scrum 的丰富经验，那么为何不申请 CSP，来拿到相应的"学分"呢？我在自己的职业生涯中基本上就是这样做的。我通过读书来提升自己，并改进为企业提供指导和帮助的方法。我还热心于帮助人们成长，助力他们实现自我，于是我想："既然我已经在做 Certified Enterprise Coach（CEC）的那些事情了，为什么不申请成为 CEC 呢？"

不过，这里要强调的是：保持求知欲。

面对浩如烟海的知识和资源，认证有时有助于制定学习计划。"我该从哪里开始呢？"对于这个问题，获取认证往往可以为你打通更多学习路径，为你在感兴趣的领域进一步钻研提供想法和灵感。

除 CSP 外，也可以访问 Agile Trainer 网站。这是由 Apple Brook 咨询公司赞助的非营利性姊妹站点，为有志成为 Certified Scrum Trainer（CST）的人们无偿提供帮助和信息。当然，该网站上的资源对所有想提升敏捷实践水平的人都会有帮助。这个网站也在持续成长和改进，汇集各方敏捷资源。如果你希望网站上增加什么内容，欢迎向我提议，如果想法不错，我会着手实现。

还有一个方法是参加 Scrum Gathering 大会之类的活动。在这种活动上，你会遇到成百上千和你一样热衷于敏捷的人。多年来，我参加了很多活动，每次都能从中获得激励和灵感，发现大量新资源和值得进一步探索的东西，并且扩大了人际圈子。通过参加活动，我结交了很多好友。总之，这是参与社群的好方法。

最后，你能为自己做的最重要的事情之一就是实现完全独立。虽然我非常赞成向他人，特别是向经验和知识更丰富的人寻求帮助和解答，但在此之前不妨花几分钟试试搜索谷歌、维基百科或者其他公开的线上资源，没准问题就解决了。

我成长于 20 世纪 70 年代，当时互联网还没有兴起。1975 年我开始上学，当时我的父母买了两套不同的百科全书，而且我们经常去公共图书馆。如果我问起一些常识性的问题，父母会温和地提醒我："嗯，你猜百科全书上会怎么说？"慢慢地，我学会了遇到问题先自己查找答案。如果找不到答案，我会跟父母说："我在百科全书中查找 X，但是没找到，你们能帮帮我吗？"或者说："我在百科全书中查询 X，书上说 Y，我没看懂，你们能帮我解释一下吗？"

说了这么多，有两个要点需要牢记。

❑ 俗话说"欲速则不达"。应该放慢脚步，自主阅读和学习。
❑ 如果你需要帮助，那么也为他人提供帮助吧。回顾职业生涯，想想你是如何一步步走到今天的，十有八九你会发现自己获得了很多帮助。如果你正在阅读本书，那么显然你识字，并且有人曾经教过你识字。此外，你还能够使用计算机和电子邮件，很可能也有人在这方面帮助过你。

如果你需要进一步的帮助，请联系并告诉我。我乐于助人，因为多年来我受到了很多帮助，深知助人渡难关的意义。

1.9 再见了，我的朋友

Scrum 扔南瓜大赛模拟练习已经在我的 CSM 和 CSPO 课程中连续进行了 3 年，现在是时候开启新的篇章了。

这个想法萌生自我申请 CST 的时候。作为 Sharon Bowman "在教室后侧培训" 方法的倡导者，我曾在课堂上布置过小的模拟练习。如果能在 Scrum 课程中加入一些独特、有趣，兼具教育意义的内容，想必更吸引人，于是我开始研究如何打造独一无二的课堂体验。

身处特拉华州，我发现当地很多人不太熟悉这里的文化。除了是第一个加入联邦的州和第二小的州以外，作为乔·拜登的家乡，这个州究竟有什么引以为傲的东西呢？

突然间，我灵光一闪：

举世闻名的扔南瓜大赛！

如果你没听过这个精彩绝伦的活动，那真是错过了美国的一样文化精髓。

特拉华州大致由横穿而过的切萨皮克–特拉华运河一分为二。运河以北是威尔明顿市，这里是许多金融机构、制药企业和化工企业所在地；还有纽瓦克市（Newark，和新泽西州的纽瓦克市一样，读作“New-Ark”而不是“Newrk”），特拉华大学就坐落于此。运河以南是大片的农田，一直通向著名的特拉华海滩。

早在 20 世纪 80 年代中期，农民们就开始举办扔南瓜比赛来庆祝丰收。随着人们争强好胜的势头一年高过一年，比赛中使用的扔南瓜机器也越来越强大和复杂。

近年来，这项比赛已经发展成了一个为期 3 天的活动，由探索频道的流言终结者团队赞助并主持。空气加农炮一类的机器可以将一个标准的直径 25 厘米的南瓜发射到 1.6 千米开外……没错，1.6 千米。这种机器的造价高达近 50 万美元，对世界各地的许多企业而言是巨大的商机。

作为一个玩 Erector Set、乐高和万能工匠这类玩具长大的人，我一直是建构类玩具的拥趸。

于是我想：“能否在课堂上举办一场扔南瓜大赛，让各个团队使用乐高积木构建小型扔南瓜机器呢？”我利用手头的大量乐高积木，以及网上购买的各种橡皮筋和南瓜压力球，开始动手构建一台扔南瓜机器。结果，乐高积木就像核爆炸现场一样散落在我家客厅里。

看来只好另谋他法。

万能工匠太贵，又易碎，而且太重。“还有什么选择呢？”我边想边开始搜寻。

直到发现了科乐思。

我之前从没玩过这种玩具，因为它出现得比我那个年代稍晚一些。科乐思的积木有各种机械结构，零件比乐高的更长，连接也更结实。类似于乐高，科乐思也有联锁块，并且更适合当下的任务。

科乐思的效果简直棒极了！

我买了一大堆科乐思和橡皮筋，更多南瓜压力球，以及一些手提包，用于在课堂上进行组装。各个 Scrum 团队将相互竞争，每个团队包含 3 到 9 名开发团队成员（取决于课堂规模）、一名 Scrum 主管，以及一名产品负责人。只要 5 套材料，我就可以在最多 55 人的课堂上布置这项练习了。

这个活动旨在练习 Scrum，整个过程包括：利用 3 次冲刺（每次 1 小时）构建一台机器；反思进度，总结教训，调整需求，等等；最终实现一次发布，各个团队比赛谁扔得远。

结果简直出人意料地好。

起初，我不知道效果会如何。有个团队扔出了 8 英尺①远，在我看来已经很厉害了。更重要的是，这个练习揭示了团队的动态、阻碍和功能失常，还原了我曾经指导过的企业中的产品开发工作。

一些人持积极而开放的心态，从"可能性的艺术"的角度思考："我们能做些什么？"另一些人则忙着抱怨"技术性"知识不够，零件不够，时间不够，等等。Scrum 主管只是进行命令-控制式的管理，产品负责人则完全置身事外。

---

① 1 英尺大约是 30 厘米。——编者注

后来的学生利用同样的材料（材料会定期打乱），不断刷新扔南瓜的纪录。一个团队扔出了15英尺远，另一个团队扔出了至少28英尺远——他们发射的南瓜击中了28英尺外的一扇窗户，在3到4英尺高的位置。在当时的条件下，没有更大的空间来验证他们到底能够扔多远，所以就当是28英尺了。

最终，在我为佐治亚州阿尔法里塔市的VersionOne公司教授的一堂CSM课程中，有个团队使用了一种非常简单的设计，扔出了34英尺远。团队成员都是普通人，不是机械工程师，甚至根本不是工程师，我记得好像有些是销售人员。然而，他们有非常好的团队动力和合作关系，没有受到冲突和自尊心的影响，并且遵循了Scrum的实践，利用学习和反馈循环进行改进。我为这个团队感到开心和自豪。

但我还注意到了另一件事。

在看到这个团队扔出34英尺远之后，有一个团队感觉不忿。

事实上，这个最初旨在教授Scrum的友好而轻松的比赛，已经演变成了一场"为了获胜不惜一切代价"的艰苦而激烈的对抗。我注意到，有些团队在整个练习过程中都忽略了我的教导和培训，把过去一天半中所学的内容抛到了九霄云外。我觉得这一点本身也揭示了某些教训。

然而，我对这个练习本身已经失去了热情。

这个练习需要的材料似乎越来越重了。那些我听了一遍又一遍的借口，例如零件不够、时间不够，也让我越来越不耐烦。更重要的是，我不希望人们因为自己的机器无法完成发射——更不用说发射到8、15、28甚至34英尺远了——而感到沮丧。

我再一次开始头脑风暴，寻找对不同课程水平都更有意义的练习。什么练习的技术门槛比较低？什么练习可以调动世界上任何一个人的过往经验？什么练习既有趣，又不是每个教练都已经想到的？

Scrum游戏怎么样？

没错，就是它了——利用Scrum来构建一个游戏，而这个游戏本身是为了教人们学习Scrum。学生在练习结束时应该完成一个最小可行产品（minimum viable product，MVP），并且确保这个游戏可以在一定程度上教授Scrum的全部元素。每次冲刺得到的可发布产品增量（shippable product increment，SPI）都应该是某种可玩的游戏，并且迭代且增量式地发展，直到获得最小可行产品。

在过去的 5 个月里，我已经在 CSPO 课程中加入了这项练习，效果令人满意。

所有团队都产出了某种游戏。练习中没有了那种让人从 Scrum 上分心的竞争压力，事实上，学生们一定会全神贯注于 Scrum，因为他们要做的游戏本身必须能够教授 Scrum。这项练习可太棒了！

此外，从后勤的角度来看，需要准备的材料轻了不少，并且更容易根据世界各地的具体情况进行调整。有些国家没有彩色美术纸，也没有我所熟悉的传统的便利贴或小圆贴纸，但这些显然不会妨碍游戏的进行。

我准备了不同颜色的多面色子、各种塑料小人（包括海盗、骷髅、军人、兽人、精灵、《星球大战》人物等形象）、尺子、剪刀、胶带和胶棒。所有这些材料加起来，也比扔南瓜练习中的一套材料轻得多。

我还准备了彩色美术纸，常用的便利贴和小圆贴纸，等等。这部分材料会在课程中消耗掉，所以不需要再带回来。总而言之，这个练习更适合在课堂中进行，甚至适于规模更大的课堂。（我曾在多达 75 人的课堂上成功组织了这个练习。）

是时候和陪伴了我 3 年的好朋友告别了。Scrum 扔南瓜大赛模拟练习为我留下了许多美好回忆。也许未来的某一天，我会在某个地方和这位老友重逢，也许某个团队甚至会打破 34 英尺的纪录。

感谢我的所有学生，是你们为我带来了这些精彩的体验。我非常享受从你们身上学习的过程。

1.10　小结

本章探讨了敏捷思维方式的一些相关问题，以及重视敏捷的意义所在。本章定义了何谓把敏捷内化于心，而不是简单地执行敏捷。

基础已经打好了，通过探求更多的资源和知识，就可以在学习之旅中继续前行。建议读者积极参与促进社群发展的活动。

第 2 章会讨论企业在追求敏捷时面临的各种因素，以及企业如何利用健康的预期和思维方式来提高成功的概率。

第 2 章
真实的企业

本章将目光转向企业层面，讨论文化、规模化等系统相关的问题。关于企业如何更有效地运转，以获得或保持在市场中的竞争优势，每家企业都有类似的疑问。本书的观点对某些读者来说可能会有些颠覆。

创新很少诞生自墨守成规。为了让产品和服务在市场中更具竞争力，我们需要有一种企业家精神，思考"可能性的艺术"，弄清楚我们能做些什么。

下面一探究竟。

2.1　如何将 Scrum 规模化以适用于大型团队

近年来,"规模化"(scaling)成了敏捷社群中的热门主题。当人们谈论规模化时,通常是在问:

❑ 如何在企业扩张的同时坚持使用 Scrum?

❑ 如何利用 Scrum 的模式和实践来开发大型产品,例如包含许多应用的完整系统?

人们首先应该问的是:"为什么一定需要大型团队?"大多数情况下,企业要么没弄清楚为何需要大型团队,要么就是管中窥豹,以至于最后需要诉诸敏捷来寻求慰藉。

大多数人还没花时间学习和理解如何在小团队中成功运用 Scrum,便急于研究如何将 Scrum规模化,如何将 Scrum 分布式地运用于多个团队,以及类似的复杂问题。难道在小团队中运用Scrum 还不够难吗?

这就像电影《帝国反击战》中,卢克·天行者在达戈巴星球上受训于尤达大师时的样子。卢克急于求成,渴望得到一切问题的答案,缺少真正精通绝地武士技艺所需要的纪律,在完成训练之前就出于不满而逃走了。他准备不足,自以为是,最后能够成功全凭主角光环,因为乔治·卢卡斯知道这样的情节会让影片大卖。

我合作过的很多企业热衷于敏捷,并在对 Scrum 有了一定了解之后,就认为 Scrum 很简单。然而,他们没有全盘接受 Scrum,没有设法调整企业和文化来更有效地运用 Scrum,而是希望通过拆解和修改 Scrum 来适应企业自身的情况。这很少行得通,因为没有哪个乔治·卢卡斯会带他们出奇制胜,力挽狂澜。

Scrum 特别规定,团队成员应该为 5 到 9 人(7±2)。这不是一个随意划定的范围,而是开发团队有效运作的规模,背后的逻辑来自米勒定律(Miller's law):在任意时刻,人类的大脑能够储存 7±2 份可随时调用的信息。因此,如果你和这等数量的人一起工作,理论上能够迅速想起每个人在做什么。

设定开发团队规模下限的另一个原因是,少于 5 人的团队必须通过跨职能来确保所有特性都符合"完成的定义",这会是不小的挑战。不过,Scrum 指南中提到了一些只有 3 人的开发团队,通过跨职能,这种小型团队有可能使用 Scrum 构建出产品,但难度会很大。

好的一面是,在能够自组织的情况下,小团队通常会更好地实现协同和紧密合作。由于人们用于面对面沟通和互动的精力有限,因此如果需要面对的人更少,人与人之间的联系就会更紧密。

在 9 人及以上的团队中，沟通的复杂度骤然上升，沟通的频次则会降低。如前所述，大型团队中每个人可以与他人共享的时间相对有限。在这种情况下，团队中更容易形成小团体，甚至可能引起企业中不同"派系"之间的矛盾。

当然，较大的团队在跨职能的技能储备和技能冗余方面更有优势。也就是说，如果较大的团队中有一名开发人员或测试人员意外退出，那么整个团队不会受到太大影响，因为其他成员或许仍然可以承担一定的开发或测试工作。

可以说，不是所有应用或系统都是单个团队能够处理的，例如银行的网站可能需要许多特性才能满足顾客。如果支票账户界面的外观和功能与储蓄账户界面的完全不同，那么用户一定会感到困惑。此外，两种账户界面一定会用到一些相同的组件。因此，如果这两项工作分别由两个团队负责，那么他们必须保持紧密的沟通与合作，尽量在开发中利用对方团队的产品。

此外，开发银行管理系统的所有团队，都应该在更高层面上对最终产品形态有统一愿景。基于共同的愿景和目标，以及团队间的紧密合作，网站会有一致的外观、风格和范式，用户不需要文档也可以理解系统的运作方式。

如果多个团队一同工作，采取迭代式的方法，专注于在各自领域内生产一两个完整的特性，那么"群行"（swarming）就可能发生了。

1968 年，梅尔文·康威在模块化编程全国研讨会上提出，系统设计会遵循企业结构。如果企业的沟通结构高度分层、官僚化、形式化，那么企业的系统和应用也会类似地复杂化和层级化。因此，为了降低产品的复杂度，应该尽可能地简化企业的组织形式，这也有几分奥卡姆剃刀原理的意味。

很多书讨论了规模化，这里列举我最喜欢的 5 本书，供读者进一步参考查阅。

- James Coplien 的 *Organizational Patterns of Agile Adoption*
- Bas Vodde 和 Craig Larman 的 *Scaling Lean and Agile Development: Thinking and Organizational Tools for Large-Scale Scrum*
- Dean Leffingwell 的 *Scaling Lean and Agility: Best Practices for Large Enterprises*
- Mike Beedle 的 Enterprise Scrum: *Agile Management for the 21st Century*
- Ken Schwaber 的 *The Enterprise and Scrum*

规模化问题没有简单的答案，但有一件事确定无疑：在已经很复杂的情况下进一步增加复杂度，很难得到更有效或更理想的结果。如果能设法简化人们之间的沟通和合作方式，就更有把握获得预期的结果。

例如，我总是听企业管理者抱怨说，他们无法将团队成员调到同一个办公地点，通过面对面交流提高沟通效率（包括沟通的频次和清晰度），而这些人也惊讶于因沟通不畅导致错误、误解和浪费。改善来自对输入和流程做出改变，不做出改变就不能指望得到改善。

任何为整个企业规定实践的方法都值得怀疑，特别是那些旨在从组件或团队层面优化性能的方法。企业应该优化整个系统，最好的方法是参照**约束理论**，围绕不可避免的约束构建系统。

2.2　对 SAFe SPC 培训的反思

2.2.1　概述

我最近参加了 Scaled Agile Academy 在华盛顿特区举办的 Scaled Program Consultant（SPC）培训，课程的讲师是 Alex Yakyma 和 Rich Knaster。

Scrum 社群中已经有一些人分享了参加 Scaled Agile Framework（SAFe）培训的经历和感受，包括 Ron Jeffries 和 Peter Saddington 等。我还没看他们的评论，因为我不想自己的观点受影响。以下内容不会面面俱到，只是分享一些重点。

2.2.2 SPC 课程

培训的前 3 天主要是讲课，用了 500 多张幻灯片，其间还有几场分组讨论。每天培训整整 8 小时。我所在的班级有大约 42 个人（6 人桌坐了 7 张）。

我参加这次培训，意在尽可能地保持客观，完整听取课上讲解的内容，而不是每次遇到分歧都与讲师争论。我收集了许多问题，记录了大量笔记，还对课程进行了录音，以便需要时回顾。

偶尔我也忍不住想要插手，因为课上教授的某些东西错得离谱，甚至班上的很多人征询我的看法——在课程开始时我已经表明自己是 CEC 和 CST。首先声明，Alex 和 Rich 都是很可靠的讲师、人很好，他们在真诚地帮助他人，我也非常欣赏他们的做法。然而，我希望将自己在课程材料、教授方法以及 SAFe 本身上发现的长处和不足都分享出来，供大家思考。

培训中多次提到了真正的敏捷，这让我非常惊讶，因为 SAFe 的流程图给人的印象是这是长期以来最复杂的方法论。课上引用的很多资源，给出的很多说法，都和 CST 们（包括我自己在内）多年来在 CSM 和 CSPO 培训中使用的相同，例如提到了 Donald Reinertsen 是 Dean Leffingwell 创造 SAFe 时的灵感和源泉，也引用了 Jeff Sutherland、James Coplien、W. Edwards Deming、Adam Weisbart、Rachel Davies、Taiichi Ohno、Hirotaka Takeuchi 和 Ikujiro Nonaka 等人的观点。事实上，SPC 培训课程几乎囊括了全部的主流敏捷知识，一锅乱炖，令人眼花缭乱。不过还是那句话：是骡子是马，拉出来遛遛。

2.2.3 背景

这不是我初次接触 SAFe。2010 年到 2011 年，在宾夕法尼亚州莫尔文市的 NAVTEQ 工作期间，我们实践了 SAFe 的一些早期构想（当时还不叫 SAFe），例如 Release Train。起初，计划会议和各种实践通过围绕特性团队同步工作，有效地让企业中的各个产品团队合作实现了发布。

讽刺的是，我和另外两名教练在此前的 6 个多月里一直在向管理层输送同样的想法。也许是 Release Train 和"潜在可发布增量"（potentially shippable increment，PSI）这样的名字足够好听，终于打动了管理层。此外，这个想法是著有敏捷相关图书的 Dean Leffingwell 提出的，这一点可能也有所帮助。

慢慢地，像"所有人都必须亲自参加潜在可发布增量计划会议"之类的要求松懈了，会议开始失去效果。我的合同在 NAVTEQ 宣布关闭莫尔文办公室前不久到期了，但我还和 NAVTEQ 的一些人保持联系，后来听说他们不仅放弃了 SAFe，甚至完全放弃了敏捷。

2.2.4 观察

在大多数情况下，SAFe 推荐使用 "Scrum" 作为团队层面的交付框架。之所以加引号，是因为 SAFe 在主流 Scrum 之上做了一些重大改动，需要引起警惕。也就是说，在真正的、结构良好的 Scrum 的践行者看来，这些改动对 Scrum 有害，不利于成功使用 Scrum。

Leading SAFe Handbook 中引用了 Jeff Sutherland 的一句话："导致许多敏捷项目摇摇欲坠或彻底失败的一个主要原因就是糟糕的 Scrum。"在我看来这十分讽刺，因为 SAFe 培训课程前脚引用了 Scrum 创始人关于错误实行 Scrum 会导致项目失败的说法，后脚就定义了如何错误地使用 Scrum。

事实上，讲师们每次提到 Scrum 都会说 Scrum 本身是不充分的，然后给出一些功能紊乱的示例，例如 "water-scrumming"，或者使用 Scrum 的开发团队之间形成了职能筒仓（functional silo）而不是跨职能合作，这些示例旨在强调需要更多东西，即 SAFe。

我希望人们能够按照 Ken Schwaber 和 Jeff Sutherland（以及 Scrum 联盟的所有 CSC 和 CST）的方式，正确地推行 Scrum。不要因为"每个试图使用 Scrum 的企业都存在问题"，就放弃解决问题的打算，接受这种功能紊乱并构建迁就企业弊病的新流程。

下面列举在培训期间 SAFe 引起我注意的一些事情。

为了发挥作用，可以根据企业的需求调整 SAFe。只要我和客户实行 SAFe 时有权对其进行调整，做到取其精华、去其糟粕，SAFe 就谈不上有什么弊端。SAFe 中留下的部分，正是过去 8 年中我一直在做的事情：设法向企业文化中灌输敏捷和精益的价值观和原则，从而实现向持续创新和顾客满意的范式转移。这样做可以让人们理解遵循这些实践背后的原因，而不是盲目尝试方法论。

如今，一些团体正试图通过增加复杂度来应对**复杂自适应系统**（complex adaptive system）。作为大型企业的教练，我不在乎这样的方法是叫 SAFe、Disciplined Agile Delivery（DAD）、Large Scale Scrum（LeSS）还是其他什么，重点是能够激励人们做出真正的改变。如果 SAFe 让一个缺乏讨论的企业开始展开讨论，这怎么会是坏事？重点是要保持开放的心态。一旦人们开始故步自封，认准一个"简单的"解决方案，那么通常意味着到达了停滞点。如果人们不愿意真正地改变、成长和学习，那我通常也该去换一家实践"可能性的艺术"的企业了。

SAFe 需要企业和文化层面的改变作为支持，但本身无法促成这种改变，因为 SAFe 只适用于项目层面。已经多次提到这一点了，人们指责 Scrum 也是出于同样的原因，即它们不是万金油。

因此，除非有足够的经验、知识和技能，就像我为任何一家企业指导任何一种敏捷实践时所需要的那样，否则我无法帮助客户实行 SAFe。这也就回到了我在实践 Scrum 时一直在做的事情上，即帮助客户明确他们的企业文化内涵，找到能够支持目标实践的所需改变，包括找到适合他们的文化和议程的正确实践。

"看情况……"。起初，讲师们把这个经典的咨询答复当作一个笑话来谈，但被问及 SAFe 在实践中具体如何处理某些棘手的问题时，他们的回答一定也是"看情况……"。很快，这个笑话就变得一点也不好笑了。人们真的是在寻求解答，但答案并不存在。

因此，Scrum 在检视、调整和响应变化方面所具有的弹性，似乎也体现在 SAFe 中。这就很有意思了，毕竟 SAFe 的流程图和定义中包含了很多规定，例如计算**加权最短作业优先**（weighted shortest job first）、使用"规范化"的故事点（story point）、在冲刺层面（4/1）而不是发布层面控制企业节奏，以及要求分别处理架构和特性的产品待办列表，等等。

如果最终的答案都是"看情况……"，那么我认为 SAFe 并没有在大多数经验丰富的敏捷教练已经掌握的工具之外带来任何价值。显然，营销的重点放在了中层管理人员身上，因为 Scrum 没有规定或限制中层管理人员在敏捷转型中的做法。事实上，培训的第一天就明确了教学以中层管理人员为目标。课上提到要集中一些决策，分散另一些决策，即在业务和管理层面做出战略性决策，在团队层面做出更具战术性的交付决策……和 Scrum 中的一模一样。这就是典型的"做什么"与"怎么做"之间的差别。

Scrum 主管不是一个全职角色。这是 SAFe 中的一个重点。显然，这会导致 Scrum 功能紊乱。Scrum 主管的作用被轻视了，被当成一个可有可无的角色了。讲师说，团队中任何人都可以在需要时担当 Scrum 主管的角色，于是我问道："如果一个人需要同时扮演开发人员和 Scrum 主管这两个角色，当无法兼顾时，该如何取舍——是在冲刺中无法完成承诺的工作，还是无法帮其他团队成员排除障碍？无论怎么选，最终都会让团队失望。"我得到的回答当然又是"看情况……"。

无论是推理过程还是所得结论，都清楚地体现了他们对这个角色理解不深。我又问他们如何看待 Michael James 的"Scrum 主管列表"，他们显然不知道我在说什么，回答我说：这份列表可能会有所帮助，但 Scrum 主管在开发团队中的工作仍然应该有一定弹性。事实上，这份列表表明 Scrum 主管是一个全职角色，因为列表上列举了 Scrum 主管为了满足一个典型团队的需求所应该做的种种事情。

课上也没有提到 Scrum 主管作为 Scrum 团队/企业的教练，或者作为 Scrum 团队的服务型领导（servant leader）或"首席障碍清理人"的角色。如果讲师们说在 SAFe 中 Scrum 主管负责帮助人们理解 SAFe，指导人们完成 Release Train，等等，那我还会开心一些，但课上并未提到 Scrum 主管应该帮助产品负责人理解如何拆解产品待办列表项（product backlog item，PBI），或者为发展敏捷能力而在企业层面做出必要改变。值得称赞的是，讲师们的确指出了全职产品负责人的必要性。如果希望 Scrum 正常运作，那么应该将 Scrum 主管视为全职角色。

没有在冲刺层面强调潜在可发布增量。这是 SAFe 相比 Scrum 的另一处缺失。Scrum 强调在每次冲刺中都获得潜在可发布增量，因此更注重价值交付和技术专业。在复杂的系统和架构中，这需要团队之间谨慎、细致地合作。

这也迫使企业重新检查迄今为止的软件生产情况。正如爱因斯坦所言："用引发问题的思维方式是解决不了问题的。"那我们为什么追求改变，甚至在追求敏捷的同时，却不愿意尝试新的系统架构设计方法？

每次冲刺都交付一些对顾客有价值的完整小特性是可以做到的，但需要转变思维方式，需要探寻更多可能性。产品待办列表项用于表示这些有用的小特性，并且包含了可测试的相应验收标准。

在 SAFe 中，在所有团队到达潜在可发布增量边界之前，任何团队都不需要产出对顾客真正有价值的成果。这种思维方式等同于在 Scrum 中推行瀑布式开发。

团队们不再需要在冲刺中进行完整的集成和测试，因为可以等到 HIP 冲刺时再进行，结果是 5 周后才发现系统级的关键缺陷……由于价值交付延后，导致错过接受顾客意见和反馈的时机，最终库存不减反增。根据精益原则，库存是未实现的价值，所以这是一种浪费。因此，应该减少库存，以更小的批量生产，例如每次冲刺产出一个潜在可发布增量。

HIP 冲刺。HIP 是指"强化、创新和规划"（hardening、innovation 和 planning）。在 SAFe 中，似乎每 4 次冲刺就预留 1 次冲刺，用于"补足"在前 4 次冲刺中未完成的集成、设计等任务，这是我从两位讲师和 Leading SAFe Handbook 那里得出的结论。培训中还使用了"谷歌 20% 时间制"作为类比，也就是说，团队在一次完整的冲刺里可以自由安排；但是培训中又说了，HIP 冲刺不是用于让测试、集成和规划赶进度的。总之，没有解释清楚 HIP 冲刺存在的必要性。

至于"谷歌 20% 时间制"这个目标，我支持团队争取它，但相比于跟他们说"好，现在是时候发挥你们的创造力了！动作要快，你们只有一次冲刺了……"，通过推行自组织模式，让团队自己决定实行方式会更好。

将集成和测试都留给第 5 次冲刺，就是在前 4 次冲刺中埋下缺陷和额外代码重构工作的隐患。

如果将集成视为每次冲刺中的部分开发工作，每次集成更小的垂直切片，那么相比于在 10 周之后的 HIP 冲刺中才修复缺陷，就可以用更低的成本（只需两周）弥补缺陷，重构的工作量也更小。

架构史诗与特性史诗。 为了强调每次冲刺都应该交付顾客价值，我们经常引用 Bill Wake 提出的 INVEST 原则，提醒自己好的产品待办列表应有的特征。第一个特征是"独立"。如果一个特性只有在支持它的底层架构搭建好之后才能进行开发，那么很难说该特性是独立的。浮现式设计（emergent design）的想法就是在开发具有顾客价值的特性的同时开发架构，这样一来，每个面向顾客的特性都必须在交付和构建时包含为该特性提供支持的元素。

在特性之外独立构建架构不仅会造成失衡，而且会引入没有顾客价值的额外库存。在浮现式的设计和价值交付中，交付是持续进行的，每个完整功能都会在完成后交付，无须等待发布。如今，一些企业级系统采用了这种模型，并大获成功。在完整的产品生命周期内，特性会持续被编写、测试、集成、测试、验收和部署。

根据康威定律，企业结构会体现在企业生产的软件中。这进一步强调应该利用混合型团队，在相应产品待办列表的基础上同时开发架构和功能。如果一边是系统架构师在设计完整的系统，另一边是独立的交付团队在开发这个系统，还有其他团队在系统之上开发特性，那么这样的系统架构一定会非常脆弱，为价值交付增添许多依赖和障碍。

对 Scrum 和 Scrum 联盟的偏见。 课上声称，企业聘用 10 位 Scrum 联盟的教练，就会得到 10 个版本的 Scrum，每个版本使用的术语都完全不同。这简直荒谬至极。

按照与 Scrum 联盟签署的许可协议（以及职业道德规范），每位 CST 都需要依据课程大纲和学习目标开展 Scrum 培训，而课程大纲和学习目标都符合 Agile Atlas 网站上的核心 Scrum 定义，无论是 CSM 课程还是 CSPO 课程。

聘用 10 位 CST 的企业将得到 10 位教练各自的经验、故事和智慧，这是对核心 Scrum 的补充。例如同样是为了说明自组织团队的重要性，我讲的故事就和其他 CST 讲的不一样。这样一来，企业就可以汲取更丰富的经验。虽然每位教练的培训手段可能不尽相同，但在服务同一位客户时，经常会通过协议来要求所有 Scrum 教练采用相同的培训材料。

CST 社群中倾向于采用构成主义教学法（constructivist didatics），而不是辩证法学习模型。也就是说，会通过在课堂上模拟 Scrum 来教授 Scrum，调动学生的听觉、视觉、触觉、运动感知等多种感官进行学习。这种方法通常称为"在教室后侧培训"（training from the back of the room，TFTBOTR）技术，源自 Sharon Bowman 的同名著作。

在我看来，两名讲师似乎从未体验过真正的 Scrum，所以才会对 Scrum 心存偏见。如果他们曾经参与过 Scrum 在企业级别的成功实现，或许会有不同的体会。

此外，Scaled Agile Academy（SAA）正在开发的 PO 认证可能会与 Scrum 联盟（Scrum Alliance，SA）的 CSPO 认证形成直接竞争。如果 SAA 也推出 Scrum 主管认证，SAA 和 Scrum 联盟就一定会形成直接竞争。也许这就是 SAA 刻意淡化 Scrum 主管角色的一个原因，以便日后借助其他 SAFe 认证的成功来推出 Scrum 主管认证。

2.2.5　结论

通过参与 SAFe SPC 课程，我对 SAFe 框架及其倡导者的想法有了更深的理解，并且意识到 SAFe 中的很多元素就是我们在使用 Scrum 实现大规模敏捷时的惯常做法。

不过，Scrum 中没有那么多规定，也不会在一开始就想好最终的企业图景；相反，我们会设法理解企业的目标，然后在据此构建的同时，迭代式地检视搜集到的信息并进行调整。

Scrum 会使用价值流程图创建产品路线图，将**史诗**拆解为产品待办列表项，也会使用产品组合（portfolio）级别的产品待办列表（从中会衍生出项目级别的产品待办列表，从后者中又衍生出团队级别的产品待办列表），不过 Scrum 强调团队自我管理，从而做到"让听得见炮声的人来决策"。

> "你们的企业建立在泰勒[①]模型之上，更糟糕的是，你们的思想也是如此。你们发自内心地认为，经营企业的正确做法就是让领导们开动脑筋，让员工们挥动螺丝刀，因为管理的关键在于把领导们脑子里的想法塞进生产者的脑子里。
>
> 我们则完全不同。我们明白商业的复杂和艰辛，也明白企业的生存环境愈发变幻莫测、竞争惨烈、险象迭生，以至于企业若想存续，就需要日复一日地调动每一份才智。"
>
> ——松下幸之助

Scrum 强调更频繁和更有规律地尽早开发价值，从第一次冲刺开始就实现投资回报（return on investment，ROI）。使用 Release Train 所定义的企业节奏，只是在复杂系统中实现跨团队整合的一种方式，若想满足不同企业的需求，就需要考虑其他模型。没有哪种方法论是万能的。

鉴于 SAFe 框架可以根据企业需求进行调整，我觉得将 SAFe 作为首选也并无不妥。我自己倒不会优先考虑 SAFe，但如果我的客户有这个打算，并且希望与我探讨，那么我会倾向于帮他

---

① "科学管理之父" Frederick Winslow Taylor。——译者注

们分析 SAFe 中的各个元素，明确其优缺点，并告诉他们还有其他选择。

作为新晋的认证 SPC，我现在能够教授 SAFe Agilist 和 SAFe Practitioner 的课程了。和其他认证或实践组合相同，在教授 SAFe 课程时，我会忠实地按照 SAFe 的学习目标进行教授。不过，正如我的其他培训一样，我也鼓励学生自主思考，设法让流程为他们的企业服务，而不是让企业为流程服务。任何工具或流程都取代不了思考和沟通。

2.3　企业从瀑布式开发转型为 Scrum 时遇到的最大障碍

人是一种复杂自适应系统。人与人之间在行为方式上有相似之处，但也有很多不同和独特之处。

企业也是一种复杂自适应系统，因为企业是由人构成的。每个人已是如此复杂了，把这些人集中在一起，在复杂度上就会产生乘法效应，类似于物理学中的共振。积极的因素越是聚集在一起，这种积极就越会扩大；消极的因素越是聚集在一起，这种消极就越会加重。

过去 9 年中，我为不同的企业或组织做过教练，其中有公有企业，也有私有企业；有营利性组织，也有非营利性组织；有联邦政府，也有州政府。这些企业也涵盖了很多行业，从生物科技到金融服务，从汽车制造到线上支付，等等。

我发现这些企业虽然在行为方式上有相似之处，但不存在共有的"最大障碍"。每个企业的文化和问题各异。下面分享我发现的一些问题，以及一些成功的因素，而不只是一个"最大障碍"。

2.3.1　大锤

大锤是指，企业的高层管理者大力推行 Scrum，就像用大锤砸小钉子，因为用力过度，很可能会把钉子砸弯，或者损坏了木材……当然，管理层对 Scrum 的支持是十分重要的。

然而，我经常发现管理层虽然热衷于采用 Scrum，却不太明白采用 Scrum 的原因及影响，需要权衡什么。他们看到了 Scrum 的潜在益处，却没有意识到成功并非轻而易举，没有代价。

Scrum 并不是灵丹妙药。Scrum 可以提高企业的透明度，从而让决策者更好地掌握数据，更好地做出决策。如果企业文化倾向于批评提出问题的人，Scrum 就不会在企业中发挥作用，因为员工们出于畏惧会向管理人员隐瞒实情。

作为领导者，无论问题多么糟糕，我总是鼓励大家讲实话。我不喜欢挥舞着手臂、抱怨一切的人，但如果有基于数据或信息的合理担心，那么欢迎向我提出来，并且提出降低风险的办法。有句话说得好："不要只提出问题，我要的是解决方案。"

说到底，若想成功实行 Scrum，就必须获得所有层级的认可和支持，只有自上而下的传达是不够的。领导者必须接受各种取舍，也接受一个事实：顾客价值的增加、市场反应速度的加快，都源于分散决策和对团队的信任增强。

2.3.2　猎枪法

在科学和数学中，当多个变量同时发生变化，会很难确定其中的因果关系。如果有 5 到 6 个未知因素，其中 4 个发生了变化，如何知晓是哪一个引起的呢？

出于同样的理由，通过"猎枪法"来采用 Scrum（同时在所有业务领域中推行 Scrum）可能是有害的。当前采用的某些实践也许是有帮助的，不经考虑地将这些实践也替换为 Scrum 是不负责任的行为。

在某些情况下，企业的状况糟糕到了没有任何东西值得挽救的地步，这时候从头开始，在整个企业中同时采用 Scrum，可能会是合理的，有机会重获新生。

在某些企业中，人们可能已经对 Scrum 有了足够的了解，企业文化也接纳 Scrum，这时全面实行 Scrum 就非常有把握了。

采取"猎枪法"有利也有弊。好的一面是，这种举动坚决果断，意图清晰，也许对目标和最终图景有清晰的设想；坏的一面是，如果企业中对 Scrum 缺乏足够的理解和认可，那么这种转型可能会是鲁莽和痛苦的。正如世上的大多数事情一样，"一刀切"是行不通的。

2.3.3　只看结果的人

在企业尝试敏捷实践的过程中，有些利益相关者会持这种态度："你用什么方法无所谓，我只想知道我会得到什么，什么时候能得到，需要付出多少成本。"他们唯一在乎的就是"结果"。

然而这种想法过于天真。在现实世界中，免不了权衡取舍，不可能同时准确预知范围、成本和时间。

有言道："可以好，可以快，也可以便宜，但只能选两样。"实际情况可能还要更糟，你只能确保一件事情是固定的（无可妥协），另一件事情是稳定的（优化），还有一件事情是弹性的（无限制）。我称之为**权衡矩阵**，并且利用它向高管们解释：他们之所以薪酬高，是因为需要权衡取舍，艰难抉择。

第 1 种情况我称之为"童话故事"（见图 2-1）。

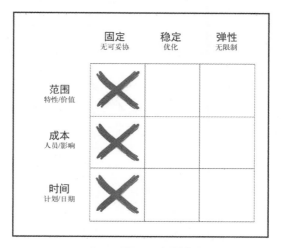

图 2-1　童话故事的情况

这个名称的来历是，当领导问我如何同时固定范围、成本和时间时，我通常会回答："这一点我帮不上忙，也许奥兹魔法师可以，因为那不是现实世界，而是在童话故事里。"

第 2 种情况对应最小可行产品（MVP）（见图 2-2）。

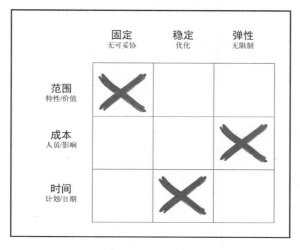

图 2-2　MVP 情况

在这种情况下，必须发布事先确定的范围，没有商量的余地。这没什么大不了的，只是无法准确预知发布的时间和成本了。

类似地，在第 3 种情况下，日期是固定的（见图 2-3）。

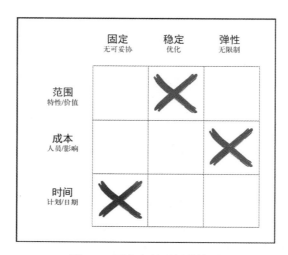

图 2-3　固定交付时间的情况

在这种情况下，我们必须在既定日期发布，没有商量的余地。当然，这也没什么大不了，只要每个人都清楚无法准确预知要发布的东西或者付出的成本了。

因此，权衡矩阵是一个实用而强大的工具，可用于说明权衡取舍的必要性。就算绞尽脑汁，也无法做到十全十美。

然而，这还不是"只看结果的人"的唯一问题。我经常听到利益相关者说，在完整发布或者产品完成之前，他们没有兴趣看任何东西。这可以通过"按揭贷款"比喻来阐释。

假设你想贷款买一栋售价为 50 万美元的房子，30 年期限，年固定利率为 3.35%，应付总额接近 80 万美元。如果你对贷款公司说："请别担心，我会在 30 年之后给你们写一张支票，一次付清 80 万美元。"你觉得他们会同意吗？肯定不会。他们希望自己的投资能获得迭代式和增量式的价值交付，希望看到你按计划付款，不会违约。

作为利益相关者，我无法理解为什么有人不想在产品开发周期内看到有规律的、稳定的价值交付，或者每 1 到 4 周确认团队交付进度，或者在顾客改变主意或者技术发生改变时，有机会改变主意。

这些都是使用 Scrum 可带来的真正好处。之所以称为"敏捷"，是有原因的，敏捷意味着：

(1) 可以快速、轻松而优雅地移动（一位"敏捷"的舞者）；

(2) 具有快速、机智、适应性强的特质（一种"敏捷"的思维）。

近义词：

优雅、优美、如猫般灵敏、轻薄、轻盈、步履轻盈、轻快、柔软、柔韧、灵活、充满活力、杂技般矫健、有弹性、松弛、易弯曲、善于变通、灵巧、巧妙、机敏、心灵手巧、移动灵活、脚步稳健、擅长运动、如芭蕾舞般优雅、协调……

敏捷的主要好处就是可以快速地改变和适应。关键在于认识到这一点，并将其当作好处和强项。

2.3.4 反抗者

我到访过的一些企业里，居然有软件开发人员工会。

IT 行业的工会……

且不说针对那些高技能开发人员的巨大需求所进行的集体谈判导致了怎样的混乱局面，我的整体感觉是这对企业来说不是一件好事。我遇到过一些身处这种情况的开发人员，他们对自己在企业中的位置非常满意，不关心任何事情的成功与否。在这种条件下，想要推动、矫正或开除能力不佳的人几乎是不可能的。

曾经有人对我说过这样一番话。

"再过 3 年我就退休了，到时候就能拿全额退休金了，因此我才不在乎什么'敏捷'。只要不会让我的日子难过就行，可别指望我有任何支持或改变。"

这段话让我大为惊诧。

倒不是因为他言辞粗鲁，毕竟这种事我见得多了。让我感到惊诧的是这种彻头彻尾的自私和冷漠。

因此，一定要注意到一个事实：团队成员可以轻而易举地破坏任何他们不认同的事情，因此获得人们的支持和认可十分重要。记住，在被要求做出改变时，每个人都会暗自揣度："这对我有什么好处？"

如前所述，每个人都是不同的，背后的动机也各异。如果想要回答上面这个问题，就需要理解每个人的内在动力，并且设身处地去沟通和相处。

人们在上大学时一般不会这样想："哇，我迫不及待要毕业了，然后就可以去一家大公司找份无足轻重的差事，整天坐在办公桌旁，在暗无天日的 6×6 小隔间里待上三四十年……除非早逝。"当然不会，人们都有更大的梦想、目标、志向和想法。

但是他们被糟糕的领导和恶劣的环境打败了，耗尽了对创新的热情，放弃了对优秀的追求，开始变得愤世嫉俗。而敏捷让人们可以参与决策，对自己的工作有更多掌控，从而拥有实现愿景的机会。

理解每个人的热情所在，有助于回答"这对我有什么好处？"这个问题，进而有助于获得人们的信任和支持。

2.4 僵化的敏捷

一天，一头猪和一只鸡在聊天，鸡对猪说：“嘿，猪兄，咱们应该合伙做生意，要不开家餐馆吧。”

猪回答说：“好啊，餐馆叫什么名字？做什么菜？”

“叫‘火腿和蛋’怎么样？这也是咱们要做的菜。”

猪想了想，说：“我不喜欢这个主意。你只是参与，我却要把命搭进去。”

（悲伤的长号音乐响起）

我从来没有喜欢过这个笑话。

我也很高兴地看到，社群中的大多数人已经不再认可这个笑话了。

除了笑话本身明显的文化陷阱，在一个人们互称“猪”或“鸡”的企业工作，也实在令人不快。

由于缺少语境，没听过这个笑话的人一定会心想：“什么乱七八糟的？”

这不是一个关注个人和互动的好方法。

更重要的是，这个笑话唤起了我高中时代的记忆，还有乔治·奥威尔的《动物农场》。

农场主用传统的命令-控制式方法经营农场，虽然对动物们来说很糟糕，但至少还有产出。

接着发生了动乱，猪们夺取了政权。起初，农场里的动物们都得到了更平等的待遇，在它们看来一切都很好……暂时如此。

然而，猪们逐渐建立了一个远比农场主时期更为压迫和专制的体系。农场主至少是有策略地经营农场，考量也更全面，而猪们只想大吃大喝。

在《动物农场》里，鸡们的下场不是很好。

类似地，多年来我看到一些敏捷转型团队变得像《动物农场》里的猪，把敏捷当作武器一样挥动，用于推进他们自己的计划，还以 Scrum 为名建立起僵化的流程，既违背了 Scrum 的价值观，也违背了“敏捷宣言”中的价值观和原则。

根据我过去 9 年的经验，在企业转型时若不想落入陷阱——借敏捷的名义而热衷于流程，可以使用如下 5 种工具。

❑ **企业愿景**：让企业中的所有人理解企业的目标和动力。

- ❑ **转型待办列表**：建立一个改变和精进的待办列表，并确保该列表在任何时刻都按照价值高低排序。
- ❑ **实践社群**：在企业范围内建立学习和成长的支持小组，首先帮助对机会和创新怀抱热情的人。
- ❑ **企业层面的定期回顾**：定期回顾转型工作，让每个人理解什么进行得好、什么进行得不好，以及应该进行怎样的实验。
- ❑ **"全球化思考，本地化行动"的思维方式**：在整个企业内弱化统一性和一致性，从而分散决策。企业需要的不是由战斗机器人和无人机组成的团队，而是自主、自由思考、愿意助力企业成功的知识工作者。

我打算在上海和布拉格的 Scrum Gathering 大会（假如我的议题通过了）以及其他邀请我演讲的场合，进一步阐述这 5 种工具。

目前来说，我希望还在讲猪和鸡的笑话的少数人，能够让这个笑话 "有尊严地死去"。

用莫里西（Morrissey）那意味深长的话来说：

> "我希望自己能笑得出来，但那个笑话已经不再好笑……"

2.5 如何克服不利于 Scrum 意识形态的企业文化

为了回答这个问题，必须先问自己另一个问题。

> "为什么？为什么你的企业想要实行 Scrum？" 这是开发团队的草根活动吗？是某个经理针对自己部门提出的想法吗？是高层管理者自上而下推行的制度吗？

我发现企业对于 Scrum 所能带来的好处，经常报有不切实际的幻想。人们指望 Scrum 解决所有问题，或者像魔法一样带来道听途说的种种好处，而无须做出任何牺牲。这让我想起那种深夜播放的广告片，声称可以尽情吃喝，不用锻炼，只要使用他们的产品就不会变胖。事实上，他们还经常承诺你会变瘦！

Scrum 不能解决企业的所有问题，事实上，还会导致很多问题，因为 Scrum 就像一面镜子，让企业可以观照自身。这会带来很多痛苦，就像有的人不喜欢看到自己的真实表现，也不愿意直面问题；相反，他们满足于活在无知的幸福中，或者至少是假装无知。

此外，企业可能正在经历一些困难和功能紊乱，却对此毫不知情。这些问题要么没被发现，要么被掩盖了起来，因为很多企业不鼓励学习或成长，甚至不鼓励人们揭露问题。

正如 Ken Schwaber 所言："如果你的企业运转良好，那就不必尝试 Scrum 了，坚持做你们正在做的事情吧。"如果没有足够的勇气为你认为正确的事情挺身而出，那么看在你自己和企业中其他人的份上，就别追求 Scrum 了。

大多数试图实行 Scrum 的企业并不是希望得到改善，而只是希望能更快地运转，更快地将产品推向市场，并且不用做出任何牺牲，或者仍然使用同样的指标，又或是采取一种"量身定制、切实可行的敏捷方法"，这样注定会失败。

还没有一位客户这样对我说过："我们当前的目标是了解自己，因为我们不确定自己是谁、要去往何处，更别说如何到达了。"大多数时候，客户会问我如何在 Scrum 的要求和他们的管理者或利益相关者的要求之间折中，或者如何借助衡量指标来提高精确度和预测能力。

至于本节标题中关于企业文化的问题，在理解了采用 Scrum 的动机后，我很有可能会推荐某种评估方法，用于了解企业中的理解和支持。虽然指标本身无法解决问题，但在没有数据或信息的情况下也不可能做出决策。建立一条基准线总好过盲人摸象。

评估完成之后，我们会发现在理解、知识、支持、技能等方面存在的差距，这些差距是企业成功采用敏捷的障碍。感知即现实。企业中的人们感知到了什么？他们知道为了此事顺利进行应该做什么事情吗？他们会得到什么好处？

我们会设法逐渐缩小这些差距，努力实现企业中的自给自足。作为敏捷顾问，这是我最关心的事情：帮助企业成长和独立，从而在我到了下一家企业后（这是一定的），不会倒退回旧的方式和功能紊乱。

最重要的是，要投资教育。若想让人们知道 Scrum 是什么，不是什么，哪些部分可以调整，哪些部分没有商量的余地，最佳手段就是进行培训。Scrum 确实有极少数明确而快速的规则，但这些规则是无可妥协的，否则就得不到相应的好处了。

本书主书名为《敏捷实战》，因为我常听到人们说"我的现实情况是……"，或者"对，但在现实世界中……"Scrum 就是现实世界，比大多数人以为或者想要承认的更为真实。Scrum 是一种经验过程控制，这意味着它专注于制定比较小的计划，付诸行动，检查工作是否与计划相符，然后修改工作和计划。这就是 W. Edwards Deming 定义的 PDCA（plan-do-check-act，计划-执行-检查-处理）循环（也称"戴明环"）。

这种方法非常符合人类的思维模式。人类天性充满好奇、热爱探索，积极寻找做事情的新方法，从尝试新事物中不断学习。从本质上来说，没有什么失败和成功，只有学习。哪些做法有效？哪些做法无效？这个过程不涉及情绪和评判，只有纯粹的实证论据。

这正是我们对企业的期盼：专注于学习，不必太过操心成功或业绩。

为了回答这个关于文化的问题，还需要意识到自己也是企业文化的一部分，企业文化包括了你和企业中其他像你一样的其他人。每个人头脑中的最大问题都是："这对我有什么好处？"他们有什么理由在意"敏捷"这回事？敏捷能为他们带来什么好处？若想赢得人心，很重要的一件事就是为企业中的每个人回答这个问题。

其次重要的事情是，做出表率，如果希望企业发生变革，首先自己要做出改变。我们无法控制其他人做什么，但永远可以控制自己的行为。有时，这意味着采取消极抵抗的策略，有意违背企业强制的某些事情，因为你知道那些事情对企业不利。

例如我偶尔会违抗企业高层的命令，因为我明确地知道。人们担心不服从会被开除，或者有其他严重的后果，但绝大部分情况下这些忧患不会成真，在极少数情况下事情也没有预想的那么糟糕。

举一个具体的例子。有一次一位很重要的联邦政府客户要求我开发一个 Scrum 培训课程，并坚持让课程遵循特定的脚本和幻灯片。相对于给定的时间，要求涵盖的内容多得不切实际，基本上就是把两天的课程压缩到 4 小时内。我按照要求准备了培训材料和课程，但在真正进行培训时，就把这些材料丢到一边，教授我认为真正重要的东西。最终，培训参与者给予了我极高的评价，后来还感谢我的讲授让他们为很快到来的改变做好了准备。

还有一件至关重要的事情，它既关于敏捷，也关于人生：我们把控着自己的行动和命运，希望梦想成真。这就是**内控**（internal locus of control）和**外控**（external locus of control）的区别。

内控型的人相信自己掌控着生活，如果感到不满意，便改变环境；他们可以控制并改变自己的处境。外控型的人认为自己受他人意志和思想的支配，只是游戏中的一枚棋子，徒劳无望地在棋盘上被移动。

如果想要克服对实行敏捷和 Scrum 有抵触的企业文化，需要坚定立场，鼓足勇气，让别人听到你的声音。你需要自己决定，是满足于做机器中的一颗螺丝钉，还是愿意做出改变，在更好的企业文化中工作。

2.6 如何让领导们接受敏捷培训

有一点不得不承认。

可能有人不喜欢"训练"这个词，包括它的所有变形。"训练"给人的感觉像是驯兽师在训练动物，或者像是运动员或者士兵一遍又一遍地经受各种训练，直到他们希望优化的动作成了肌肉记忆的一部分，几乎是一种本能了。这都是在建立一种常规。

针对敏捷的不同主题所进行的"培训"，其目标也是不同的。我们试图教育、鼓舞、启迪，打破常规——探索新的方式，为人们提供各种构成要素，而不是完整的蓝图。"敏捷宣言"中的价值观和原则、极限编程的工程实践、Scrum 实践和看板技术都是构成要素——这些都是达到目的的手段，而非目的本身。这就像是为人们教授科学方法，启发他们运用这些方法在化学、物理、解剖学等领域探索新的可能。

企业中的每个人都应该是"领导"。我经常在课堂上（和其他活动或演讲中）分享我对企业家精神的看法，包括为什么说它是成功的关键要素。在某种程度上每个人都是"领导"。

不过，我理解这里真正的问题是"如何帮助那些为企业制定战略、建立愿景、掌管资金的人理解敏捷的价值观和需要付出的实践"。这个问题说的是企业中那些首席级别、副总级别、主管级别的人。

提问的人感到了沮丧。

也许领导层命令他们采用敏捷，甚至更糟的是，实行敏捷。与此同时，领导层并不承认需要改变做事情的方式才能获得改善。他们希望在不牺牲目前的任何事务（例如 TPS 报告和其他指标）、不聘请全职 Scrum 主管、不将团队调动到一起的情况下，实现所有改善、效率更高、更早上市、顾客满意、拥有竞争优势，等等。

也有可能，他们对敏捷的追求更多的是一种草根活动，而管理层根本不理解，只把"敏捷"当作一个月度方法论，或者只想固定范围、成本和时间，而不关心敏捷的实质："只要能得到我想要的东西，怎么做都无所谓。"

我接触过这种不成熟、没担当的领导风格。企业斥巨资聘用这些领导，而他们不考虑权衡取舍，也不愿意为了获得改善承担相应的风险。

很多人希望成为摇滚巨星，但极少有人愿意每天练习 8 小时吉他。很多人希望自己看起来像布拉德·皮特或者安吉丽娜·朱莉，但极少有人愿意每天锻炼、坚持少吃一份馅饼。认为一切理所当然只是当今社会的某种产物罢了。

洛杉矶的著名律师 Rich Roll 反对这种心态，他提倡传统的踏踏实实地工作和权衡取舍，反对在生活中"走捷径"。Rich 在 40 多岁时，从超重 20 多千克，变成了唯一一星期内在夏威夷各岛上完成三项全能的人。他还定期参加相当于两个连续铁人三项的 Ultraman 活动。

关键在于价值：专注于能够增加价值的事情，忽略那些没有价值的事情。领导必须拥有这样的思维方式。

我在为企业进行指导或培训之前会明确地表示，需要让高层领导也参与进来，让他们也明白敏捷是什么、不是什么。

我不是在"实行 Scrum"。

我也不是在"为企业实现敏捷转型"。

我是在帮助人们找到可以尝试的实验，以便从中学习。从小型实验中可以获得细小、渐进的改善和长进。

领导团队和企业通常会畏惧敏捷带来的变革，因为他们听说过太多突然而彻底的改变，我也一次次地目睹过这种模式的失败。从小型实验着手有助于降低这种风险。

近几年我开始有意识地避免使用"成功"和"失败"这样的词。在怀着愿景尝试某些事情时，最终要么得到预期结果，要么从结果中吸取一些教训，无论如何，都有收获。

那么，该如何教育企业中的领导层呢？

首先，他们需要知道大家都知道的东西。

诸如 Scrum 的各种元素、敏捷的价值观和原则之类的知识，都可以从书中学习并掌握。如果只是死记硬背理论，任何人都可以用 15 分钟教会 Scrum。

这种教育的真正价值在于，有经验的培训者和教练可以借助故事、讨论、活动、模拟等手段，把理论变得真实和生动起来。这就像是一个只会几个魔术花招的人和一个创造幻术的人之间的区别，或是一个上台背台词的人和一个把角色演活的人之间的区别。

理想情况下，高管、经理和团队成员都参加同样的培训，这样每个人就都能接收同样的信息，也有同样的预期。我的很多客户通过这种方法大获成功。培训之后会有一段时期的指导，从而让团队从教练的经验中获益，也能从其他先行企业身上学习。

高管和领导团队通常只想要 2 到 4 小时的一次培训，了解敏捷中最基础的知识；有时甚至更糟，只想要关于 Scrum 的"概述"。我不开办少于一整天时间的培训班，也没听说谁会提供这种课程。

即使是一整天的培训班，也很难让人充分理解这些实践和改善为什么需要领导的支持，或是理解它们能带来的真正价值。我还发现经常没有足够的时间回答问题，所以我通常会（为高管们）准备一整天的培训课程来教授基础知识，然后安排一整天的教练课程用于答疑解惑，也让我们可以研究一下接下来要采取的步骤。

在企业中其他人员参加培训班的同时，领导团队至少应该参加关于敏捷运营层面（实践）的培训，类似于"这是科学方法。这个是烧杯，这个是量筒，这是金属钠。永远不要让纯钠接触水，否则就会像这样……（演示）"，等等。

这样的教育（或者说"培训"）只是第一步，还必须结合指导、辅导和顾问等，否则企业会犯很多不必要的错误，也会错失从帮助过其他很多企业的人身上获益的机会。

聘用教练也可以帮你设法说服领导团队，让他们明白通过参加培训来学习价值观是有价值的。让领导团队参加一个简短的培训班，胜过什么都不参加。一次简短的培训可以为进一步学习打开一扇门，也许能让他们更好地理解，从而支持你的团队。

2.7 小结

企业文化的改变不是目的，而是一种体现，可以反映出企业中的系统性改变。

文化是复杂的。

企业也是复杂的。

惯性很强的大型企业需要较长时间才能成熟，即使企业中的领导和其他人着手改进企业的运转方式，也需要一定时间才能看到效果。

涵盖各方面价值的整体改变，是获得显著而可持续变革的最佳方式。过早推行变化的企业通常会遇到阻力，最终导致反叛和失败，以至于可能比没有推行改进的情况更糟。

第 3 章会关注企业创造的产品，包括为顾客构建的任何能够解决问题并带来价值的东西。

第3章
真实的产品

企业的目的是赚钱，赚钱的手段则是向顾客交付价值。

如何打造更好的产品？有没有什么神奇公式或者"独家秘方"？

答案就是不断创新、关注细节，以及尽早、经常地获取顾客反馈。没有什么计划是完美的，遑论大胆又完美的计划。怎会有人认为事先把一切东西都定义好，就能做出有价值的产品呢？

技术日新月异，顾客的需求不断变化，产品设计也应做出调整。本章讨论导致产品交付方式改变的各种因素。

3.1 我们是否拥有足够的洞见，能了解顾客最想要什么或接下来想要什么

这听起来很疯狂，但它确实存在，叫作"与顾客交谈"。

人类极不擅长预测未来。纵观历史，人类在预测未来或是猜测事情发展方面表现糟糕，少数情况下预测正确了，要么是因为结果太过明显，要么是纯粹走运。（或者在某些情况下，"预测未来"让人们产生了一种对未来事件的愿景，因此更像是一种自证式预言。这就像是，假如我设想未来世界有瞬间传送和食物合成器，肯定有人会想："哇，这个想法真是妙极了，我愿倾毕生之力研究如何将它变为现实！"）

相反，我们应该做的是与顾客交谈，如果能够**倾听**他们的想法就更好了，这是销售人员的一个特征。他们会花 10%～15% 的时间表述，旨在让顾客能在其余 85%～90% 的时间里表达自己的需求。我们需要倾听顾客的需求，通过帮助他们理解什么是可行的，来帮助他们找到能够在一次迭代中交付的关键特性，然后交付给他们。

这也在一定程度上说明了拥有一位致力于确保产品成功的负责人是何等重要。为了确保产品成功，产品负责人会定期与顾客联络、告知产品进度、征询反馈、提出新特性构想，总之就是理解顾客最想要什么，以及接下来想要什么。

有些企业的产品负责人会负责 2 个、3 个、5 个甚至 10 个产品，非常让人惊讶。一次，在为一位客户进行指导时，我得知他们的一位产品负责人同时负责 5 个产品，于是我说："哦，所以说，每个产品只要达到 20% 的成功就行了，对吧？"当然了，由于产品的成熟度或者市场规模等原因，有的产品需要的投入确实比较少，但关键问题在于，不要忽视**与顾客合作**的必要性。

在采用迭代式和增量式的方法创造顾客需要的产品时，我们会与顾客分享结果，让他们更快、更早地体验那些"顿悟"时刻。有一句常被引用的（所谓的）史蒂夫·乔布斯的话：

> "不能简单地问顾客想要什么，然后就给他们做什么。等做好的时候，他们早就改变想法了。"

关键在于，我们永远无法完全理解顾客想要什么。事实上，顾客也不清楚自己到底想要什么。即便不确定自己想要什么，顾客也会假装知道自己想要什么，从而加深了人们关于这位无所不知、无所不能、无所不在的商业领袖的错误观念。此外，顾客可能本来十分确定自己想要什么，但后来看了一条广告、一篇博客，或者网上随便一只猫的图片，就改变想法了。

作为人类，顾客会对数据和其他形式的刺激做出反应。既然顾客的想法是善变的，每天都在对改变做出反应，那么我们除了适应这些改变，别无他法。

制定 1 到 5 年详尽计划的时代已经一去不复返。仍然按照这种方式行事的公司都在走向末路，只是他们自己还没有意识到而已；而基于经验采取行动的公司，能更好地应对变化，更好地满足顾客，同时也更敏捷……

3.2 将需求拆解为史诗和用户故事

然而敏捷没有提供一种拆解需求的简单方法。一般说来，敏捷带来的一个重要变化是从基于组件的水平部件到基于特性、架构内端到端的垂直切片的范式转移。

以往，团队是按照技能划分的，用户界面/用户体验（UI/UX）人员负责应用前端，服务人员负责应用的中间层和后端，数据库人员负责底层数据库。UX/UI 任务往往完成较快，并且与服务层彼此独立，而这两个部分在开发过程中都很少或者根本不与数据库集成。

这种方法造成的问题是，在所有架构、特性和数据库支持元素完成之后，应用才是可用的。此外，如果在此过程中发现不再需要某个特性了，就会涉及大量修改工作，因为底层架构的部件可能已经构建好了。

此外，由于各个团队在开发过程中主要关注自己团队的组件，等到需要集成这些组件时，"有趣"的事情就会发生——会发现很多缺陷。而且，即使全部的 UX/UI 或者全部的服务都构建好了，但直到所有部件的集成和同步完成之前，终端用户还是没有得到任何价值。

在 Scrum 中，跨职能型团队同时拥有 UX/UI、开发、质量保证、数据库等技能，因此可以将特性切分成可以完整工作的垂直功能切片。交付的每个特性都能工作，所以是有价值的，可供顾客使用。组件之间的集成工作是在特性层面进行的，所以各个部件永远都是同步的。

如果顾客不想要某个特性了，也没有问题。由于支持一个特性的架构只在构建该特性时才会被构建，因此不必担心组件紧耦合的问题。

如果资金被切断，或者在好一些的情况下，顾客看到产品增量逐渐浮现，认为产品已经足够有价值，就不需要等待其他所有组件的团队赶进度，而可以直接部署了。这样基本上解除了 IT 方面的约束，让部署决策完全成为业务决策。以往，IT 除了会导致开发的各个阶段都有组件未完成之外，还一直是部署的一个瓶颈，因为在他们"完成"一个项目之后，通常还需要进行用户验收工作、进入部署流水线，以及排队等待。

在 Scrum 中，每次冲刺之后，由于每个特性都必须满足"完成的定义"，因此部署就像"按一下绿色按钮"这么简单（把代码移到生产环境即可），整个过程可能只需要 15 分钟。从业务的角度看，这一点十分重要，因为只要符合战略，随时都可以发布。

至于拆分特性的不同方式，Richard Lawrence 的"故事拆分备忘单"（story splitting cheat sheet）是很好的参考资料，其中包含很多故事示例和建议，指导人们将故事拆分为供开发团队处理的更小的块。我还经常使用 Richard Lawrence 的海报图，这张图更像是一张思维导图，也适合张贴在团队房间或者办公区域。

至于如何拆分需求，需要记住一个重点：这需要花时间练习，并且一定会出错。没有什么事情是容易的，有价值的事情更是如此。不过，久而久之，开发团队就能非常熟练地将特性拆分为小块，甚至产品负责人也能在一开始就制定规模合理的产品待办列表项。

3.3　Nordstrom 明白我的需求

一次，我在亚马逊网站上搜索 MacBook Pro（MBP）的替换电池，在按照 MBP 的产品型号搜索之后，选择了一个低价的"全新"电池，就下单了。

结果，送来的电池型号是错的，我感到非常失望。

我申请了退货，因为亚马逊 Prime 会员支持无条件退款，这一点很棒。由于失望，我还为该商品写了一条差评。

如果商品页面能有更多图片（例如 MBP 的背面打开图，能够看到电池），更重要的是，如果能列出零件号，我的购物体验就不至于那么糟糕了。

从此以后，那家店就为所有商品列出了零件号。

他们还联系了我，想**免费**送我一块和我的 MBP 型号相配的电池。我既惊讶，又开心，回复道："当然可以，真是太好了！"我把 MBP 型号和我的地址发了过去。

我心想："既然他们这样做，我要修改一下那条评论，或者再写一条，说明他们提供了额外服务。看看接下来会怎么样吧。"

第二天，他们回复了邮件，说他们没有那个型号的电池……

同时告诉我，他们的商品现在列出了零件号……

又问我，有什么他们能帮上忙的……

还问我，能否删除那条评论，或者基于这次服务体验稍做修改……

我感到难以置信，拒绝了这一请求。

我在回复邮件中引用了声名狼藉的"Nordstrom 百货商店退换轮胎"的故事。这是在约 30 年前我读大学时听到的，为了复述它，我还特意到 Snopes 网站上查了一下。关于这个故事是真是假，或者有多少真实成分，存在一定争议。

但这不是重点。

这个故事代表了**所有**顾客头脑中的想法，是一个有关顾客终极服务（这正是人们想要的）的教科书式的案例。顾客有需求需要商家来满足，如果需求得到了满足，那么可能有一半顾客会变成回头客。

如果服务超出了顾客的预期，那么顾客的品牌忠诚度会提高。他们不仅会成为回头客，还会自发宣传这个产品和品牌。

如果产品或服务没有达到顾客的预期（或者更糟，体验不佳），那么再多的劝诱也无法让顾客成为品牌的潜在宣传者。事实上，如果顾客生气了，甚至还会公开批评产品和公司。

这就是**净推荐值**（net promoter score，NPS）的概念，事实上，对我来说这是唯一重要的指标，因为可以直接证明一门生意或者一个产品的健康状况。

通过一个简单的问题，即"您有多大可能会将××公司推荐给您的朋友或者同事？"，可以追踪用户群体，以顾客的视角审视公司的表现。作为回答，顾客会按 0 到 10 打分，该分数可以按照如下方式进行划分。

❏ **推广者**（9~10 分）是忠实的爱好者，会回购并推荐给他人，推动增长。
❏ **中立者**（7~8 分）是满意但缺乏热情的顾客，容易被竞争对手拉拢。
❏ **贬损者**（0~6 分）是不悦的顾客，负面评价有可能影响品牌，妨碍增长。

用推广者的百分比减去贬损者的百分比，即可得到公司的 NPS（见图 3-1）。

图 3-1 计算 NPS

回到前面的故事，那个商家在承诺免费送我一个"与我的 MBP 型号相配的全新电池"之后，应该竭尽全力履行承诺：联系苹果公司，或从另一个商家采购，等等。

但他们的做法反而加重了我的负面体验，更糟糕的是浪费了我的时间，让我有了负面的预期，而且没有交付，使得我写下了这篇文章，等等。

之后我便不再理会那个店家了……

也不尽然。我甚至可能会修改那条评论，描述这段令人失望的新体验，强化最初的负面评论。

如果他们再次联系我说"我们想送您一台装载了应用软件和更新的全新 MBP 17，希望您开心"，我还是会心想："嗯，又是一条缓兵之计……"

让顾客开心，他们就会成为你最有价值的盟友；让他们生气，生意就完了。

3.4 将产品待办列表拆解为冲刺

产品待办列表是一张心愿单，列出了团队开发一个产品所需的**全部**工作。因此，如果某件事不在产品待办列表上，这件事便不存在。一般说来，我不关心产品待办列表项是分类为"新特性""增强请求""缺陷""技术债"还是"关键问题"，等等，对我来说，它们就是"工作"。也就是说，产品负责人需要衡量开发团队所要做的**全部**工作的优先级，无论这些工作的性质如何。

产品待办列表

这是一份列表，列举了特性、缺陷等与产品开发和维护相关的项目。这份列表按照价值排序，最有价值的项目列在最上面，然后是第二有价值的项目，以此类推。项目还有相应的验收标准和估算，至少对于那些可以纳入冲刺的项目来说如此，在理想情况下，发布所需要的全部项目都应如此。

如果冲刺中有一个产品待办列表项不符合"完成的定义"，该项目就是没有完成。没有必要再收录一个针对该项目的缺陷，解决这个问题就行了，或者最好一开始就不要出现问题。要做到测试优先、经常测试，以终为始，如此便不用担心"缺陷""生产意外"或者其他突如其来的工作了。简而言之，要注重质量。

接下来，如果企业在质量上做了妥协，发布了垃圾代码（又称"遗留代码"），那么对于这些生产代码中的缺陷，如果问题不是特别关键，可以为它们创建新的故事；如果问题非常严重，以至于不可拖延，那么可以暂停冲刺。如果这样的紧急项目很多，不妨将看板方法作为权宜之计，这样企业可以进入一种"响应模式"，由中断驱动的请求来主导工作，也就是说，最紧急、最重要的工作会排在其他工作之前，没有**真正意义上**的计划，甚至不再有每周发布。

那么到底应该如何将产品待办列表拆解为冲刺呢？首先应该认识到，直到冲刺计划会议举行之前，我们永远无法真正知道冲刺内容。因此，对于即将到来的一次冲刺，可以通过自上而下阅读产品待办列表，或多或少地猜想其中会有什么项目。如果团队很成熟，有一个速度值，那么可以在列表上自上而下地数出速度值的点数（或者其他单位），进行估算。

如果开发团队的速度是 40 项目/冲刺，那么可以在产品待办列表上从上往下数 40 个项目，**大致**得出下一次冲刺计划会议的进度。如果他们的速度是 30 个故事点，就在产品待办列表上从上往下数 30 个故事点，**大致**得出下一次冲刺计划会议的进度。

然而，下一次冲刺之后的任何事情都纯粹是盲猜，我习惯称之为 PFM（pure frickin' magic，完全扯淡魔法）。如果你希望准确了解之后的第 2 次、第 3 次、第 4 次、第 5 次冲刺内容，建议你拜访迪士尼乐园鬼屋里的 Leota 夫人，她可以帮你预测在第 2 次、第 3 次冲刺中会有什么故事。

认识到变化中的不确定性，能够对变化做出响应而不是不假思索地遵循详尽的计划（并且不再相信可以通过大而全的计划来控制产品开发），是敏捷思考的第一步。

一种更好的方式是，不断设法分解排在下一次冲刺之后且工作量超过一天的产品待办列表项，这样可以为团队在排序上留出更多弹性，同时让团队免于做任何估算。

在我为美国财政部的某个项目工作期间，得出了一个结论：没有人真的喜欢估算。事实上，他们的估算能力不佳，而且估算在整个过程中也没有发挥任何作用。他们真正做得好的一点是，意识到了应该把事情拆分成更小的单元。因此，与其绞尽脑汁试图估算各个项目，我们决定采用一种"一天之内"策略，即每个产品待办列表项的工作量都需要控制在一天之内，否则就要进行拆分，这样可以让团队免于估算，同时确保各个项目都足够小。

效果出奇地好。

那个团队非常喜欢处理产品待办列表项，每个人都有自己中意的指标（基于每天剩余项目的冲刺燃尽图），皆大欢喜。

如果希望在两周的冲刺中完成一个 10 天工作量的项目，那么即使晚了几个小时也会搞砸，因为在冲刺的最后没有完成该项目。不过，如果两周的冲刺中有 10 个一天工作量的项目，完成了 9/10，那么得到的会是 A–而不是 F，让人感觉这个团队基本兑现了承诺，而不是失信了。

简而言之，我不太关心冲刺中会有什么产品待办列表项，除了下一次冲刺，最多加上再下一次的冲刺，以防团队提前完成了。几乎没有团队会提前完成，通常他们会过度承诺，导致最终有些事情无法完成，稍后讨论这个问题

3.5　为什么每个增量都需要是可发布的或对终端用户有价值

Scrum 是一个轻量级框架，可用于不同行业的产品和服务开发，所以"可发布""有价值""终端用户"这样的概念可能会有不同的含义。

在大多数情况下，我们是从软件产品的角度讨论这些术语的，即开发一个应用或系统，供某些人或某个群体使用，这些人就是终端用户，他们决定了应用的价值所在。

首先要记住，"增量"是一个或者一组特性，代表应用的一部分。增量也可以指代用于发布的全部特性，例如冲刺 1 中新增了 6 个特性，它们代表了一个可发布的产品增量；冲刺 2 中又新增了 7 个特性，它们也代表了一个可发布的产品增量，而两次冲刺总共获得的 13 个集成的特性同样代表了一个可发布的产品增量。其中的差别在于，在每一次冲刺结束后，人们只会对该次冲刺期间新增的特性进行回顾和演示，而不是用于发布的完整增量。

那么问题来了：如果不是每个增量都会发布，那么为何每个增量都需要是"可发布的或对终端用户有价值"的呢？

我们不仅需要从终端用户的角度来考虑产品，也需要从业务发起人的角度来考虑。业务发起人使用企业的资金进行投资，在投资上有许多选择。他们可以买股票、收购其他企业，或者为其他项目或产品出资，等等。

所有商业投资都是为了获得收益。对于产品开发来说，投资收益就是终端用户可以使用的功能。在某些情况下，公司开发的系统或应用可能没有**图形用户界面**（graphical user interface，GUI），所以为用户提供价值的东西可能无法通过点击按钮和滚动鼠标来演示。尽管如此，交付的价值还是必须能以某种形式呈现出来。

如果我是业务发起人，在一次冲刺过后没有看到任何实际的或者可交付的顾客价值，心里就会竖起一面小黄旗。这是一种警惕信号，会引起我的担忧：到底发生了什么？虽然可能有合理的解释，但我知道每次迭代都应该产出一个价值增量。我会开始担心，为这个产品提供资金也许是一项糟糕的投资。

如果在第二次冲刺过后还是没有获得实际价值，我心里就会竖起一面小红旗，认定自己做了一个糟糕的决策。我需要听到充足的理由，解释为什么我要继续为开发工作提供资金。如果没有合理的理由就算了，但三次之后绝对要出局了：如果下一次冲刺还是没有获得明确交付的顾客价值，就免谈了，我会停止提供资金。

也许一切都没问题，但也许有问题。如果我是一家借贷公司，贷款年限是 30 年，那么我不会接受"气球膨胀"式付款作为偿还方式。这种情况下的燃尽图会如图 3-2 所示。

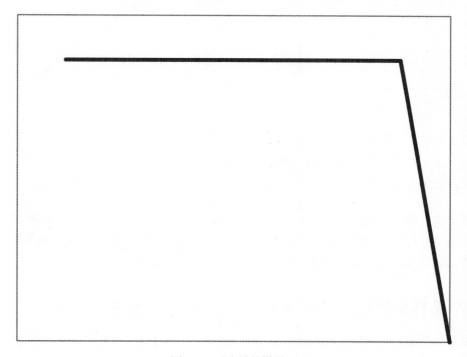

图 3-2　不连贯的燃尽图

这样能收回贷款吗？不确定，最后才会知道。

我会希望看到持续价值交付贯穿各个冲刺，可以用连贯的燃尽图来表示（见图 3-3）。

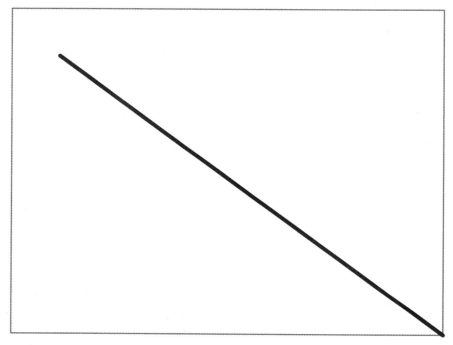

图 3-3 连贯的燃尽图

此外，我们希望每次冲刺都得到顾客的确认：我们在定期、连贯地交付价值，会按计划交付最终产品。试想雇人盖房子，你会希望等到整个房子盖完才发现有些房间比预期小了一些，或者屋子里的动线不太合理吗？如果房子的朝向有问题呢？

当然不会，你会希望在工程的各个阶段能频繁地考察工地，亲眼看到房子是如何盖起来的。应用开发也是如此，更合理的方式是在逐步完成应用的各个功能时就进行检查，如果发现不喜欢或者不合理的地方，仍有充足的时间来修改和调整。

3.6　产品待办列表和冲刺待办列表之间有何区别

产品待办列表基本上就是产品的一张大的心愿单，会一直存续直至产品生命周期完全结束。也就是说，在公司决定不再支持或者承认这个产品之前，都存在相应的产品待办列表。

产品待办列表上记录着所有工作：新特性、增强请求、缺陷、支持请求、想法、技术债项、从冲刺回顾会议中获得的 Scrum 团队的行动项目，等等。不在产品待办列表上的工作，就相当于不存在。

因此，产品待办列表会持续变化和演进。产品范围中的任何新发现，都会体现在产品待办列表中。可以添加、删除、拆分、重新排序合并、产品待办列表项，或者添加相应的验收标准和估算，等等。

负责产品待办列表的人就是产品负责人，由他们来维护产品待办列表。产品负责人确保产品待办列表上的项目永远是有序的，最上面的是最有价值的项目，然后是第二有价值的项目、第三有价值的项目，以此类推，直到列表的最后一项。

相比于产品待办列表中靠后的项目，靠前的项目通常粒度更细、更小，被理解得更充分，更具确定性。列表最上面的项目很可能会纳入下一次冲刺中，因为在 Scrum 团队举行冲刺计划会议时，会自上而下地依次考量列表中的各个项目。

为了确保整个 Scrum 团队理解和认同每个特性，产品待办列表中的项目可以采用任何格式。一种常用的格式是**用户故事**，它有非常详细的模板，很多企业中用以描述每个特性中的"谁""做什么"和"怎么做"，这样有助于为每个特性构建商业案例。

结构良好的产品待办列表中的其他两个关键元素是验收标准和估算。事实上，缺少这两个元素的产品待办列表项是不完整的，没有资格进入冲刺计划会议。

产品待办列表上靠前的项目，每一项可能代表了 1 到 3 天能够完成的工作，而靠后的项目可能代表更大型的工作，需要进一步讨论、拆解或者"拆分"。企业使用用户故事时，一般将较大的故事称为"史诗"，这是对把需求或特性类比为故事的进一步延伸。在文学中，史诗是非常大的故事。事实上，文学中的很多史诗都可以细分为独立的、更小的故事，这样会更合理，也更容易阅读。

一旦 Scrum 团队完成了冲刺计划会议，就会得到产品待办列表中一个承诺的、专门的特性子集，称为**冲刺待办列表**（见图 3-4），这些是开发团队确认的下一次冲刺将交付的产品待办列表项。

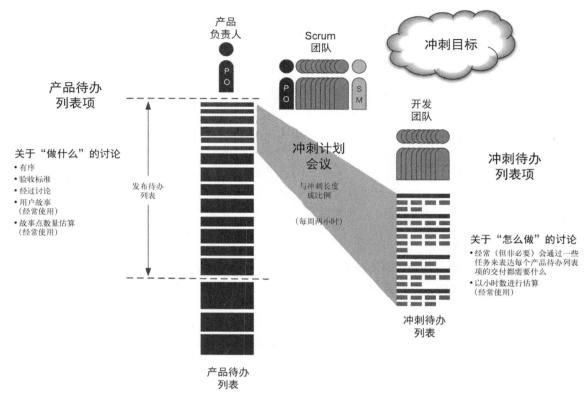

图 3-4 冲刺待办列表来自冲刺计划会议

这些年来，对于"承诺"在冲刺计划会议和开发团队中的相关用法，不同的 Scrum 倡导者有不同的看法。人们一度强调开发团队在冲刺计划会议中应该做出坚定的承诺，但近年来，"预测"一词替代了"承诺"，用以表明团队只对他们力所能及的事情进行估算或猜测。

就我的经历来说，利益相关者和高层管理者能够接受在产品生命周期甚至是发布层面存在一定的不确定性，但大多数人**不能**接受开发团队对冲刺中的交付缺乏主人翁意识和责任感。

如果希望建立信任，就需要立下承诺和目标，然后履行这些承诺，从而增强利益相关者心中的信任感。对冲刺待办列表做出承诺也意味着，如果开发进度受到某种关键障碍的影响，那么能否兑现关于原始冲刺目标和冲刺待办列表的承诺，就不好说了。

没人希望开发团队交付的东西存在任何他们无力解决的外部问题。Scrum 主管会尽力解决这些外部问题，如果解决不了，问题就会变得非常明显，直至影响团队交付顾客价值的能力。届时管理者和其他利益相关者可能需要想方设法来为团队消除这些障碍。

　　冲刺待办列表会在某种程度上标明规模，无论是冲刺待办列表上全部项目的故事点总数，还是冲刺待办列表上全部任务的总小时数，甚至只是冲刺待办列表上的项目数量。通过为冲刺待办列表确定规模，就能够获得一张冲刺燃尽图，也就是贯穿冲刺的可视化进度。每天都会统计余下的项目数量、点数、小时数等数量，标在燃尽图上。之所以关注余下工作，是因为已完成的工作量大小不会真正决定余下工作量的大小。

　　试想你正在从纽约开车去华盛顿特区参加一场重要的求职面试。你估计这次行程会用 3.5 个小时，于是开车出发了。2 小时之后，你停下车，想确认能否赶上面试。"我已经开了 2 个小时了，所以应该只剩下 1.5 个小时了，一定能按时到达。"这种说法对吗？还是说，更合理的方式是弄清楚已经走到哪儿了，然后根据路程的最新信息重新计算剩余时间？

　　已经开了多久并不重要，能否赶上面试的关键在于还需要多少时间。

　　最后，不应估算**整个**产品待办列表，否则太浪费时间了。待办列表上的某些项目最终可能不会实现，或者在很长一段时间内可能不会实现，而应该只关注产品待办列表中代表目标发行的那部分。如果只估算计划发行的项目，可以了解发布的规模，从而构建出一张发布燃尽图，用于确定实现该特性的过程走到了哪一步。

3.7　冲刺计划会议内容

　　冲刺计划会议是正式的 Scrum 仪式或活动，用于从已经计划但未承诺的范围中确定承诺的范围。冲刺计划会议的主要输入是产品待办列表，其中包含了全部已经计划但未承诺的范围。为了让冲刺计划会议能够顺利举行，产品待办列表中包含的价值和功能应该至少满足一次冲刺。

　　此外，产品待办列表中的项目只有得到充分的理解，才有资格被纳入冲刺。Scrum 团队经常使用 Bill Wake 的 INVEST 原则来提醒自己，为了能将产品待办列表项纳入冲刺计划会议的考虑范围，应该确保产品待办列表项是独立的（independent）、可协商的（negotiable）、有价值的（valuable）、可估算的（estimable）、小的（small），以及可测试的（testable）。

　　在举行冲刺计划会议之前，产品负责人应该已经对产品待办列表做了精化，包括新增项目、拆分项目、删除项目、重新排序、为每个项目添加验收标准等，并且已经与开发团队一同估算了规模，确保大家足够理解验收标准，可以开展相关工作了。产品待办列表应该**永远**是有序的，最有价值的项目排在最前面。

　　上述环节如有遗漏，应该在 Scrum 团队举行冲刺计划会议之前补上。可能有些产品待办列表项没有经过整个团队的讨论，也可能大家没有就估算达成一致，或者开发团队还没有机会讨论某些项目的估算。为了举行冲刺计划会议，Scrum 团队需要花费一些时间，共同精化这些项目。

验收标准

简短陈述的一些条件，仅当这些条件满足时，产品负责人才会认为特性完成了。例如输入在夏威夷的 15 999 美元的汽车标价，能够得到包含相应的联邦税、州税和地方税的 22 761 美元总价，这个特性就算是完成了。没有验收标准的特性是不完整的。

当产品待办列表符合条件，产品负责人就会向开发团队展示产品待办列表，而开发团队应该已经对产品待办列表上的项目和项目顺序有一定的了解。接着大家会从最有价值的项目开始，逐项查看项目，开发团队会讨论能否将该项目纳入下一次冲刺。不断重复这个过程，直到开发团队认为达到了能力上限，无法向冲刺中加入更多特性了。

这时，产品负责人至少会有一次机会来检查开发团队提出的冲刺待办列表，进行最后的替换或者修改。如果产品负责人之前以为团队一定能够进行到项目 7，但最后止步于项目 6，那么他可能会想：既然冲刺只能完成这些工作量，那我得调整一下，用项目 7 替换项目 6。

接下来，Scrum 团队会确定一个能够代表所选工作的冲刺目标。如何简洁地描述在下一次冲刺中大家要完成的事情呢？这段话应有助于大家集中精力，并且在任何人问起下一次冲刺的目标时都有简短的回答。

例如在分析具体特性和用户类别的潜在市场时，使用人物角色来定义用户画像和特质会非常有帮助。也许会有一个叫"Bob"的人物，代表一名 45 岁的男性，有 4 个小孩，是一位敏捷产品开发顾问，等等，这些与产品特性相关的重要特质还可以进一步丰富。这样一来，冲刺目标可能会是：对于 Bob 一类的用户，为他们提供"使用我们开发的产品来解决某些问题"的能力。冲刺目标会从更高的层面来强调这次冲刺交付的价值。

冲刺目标也提供了一种判断冲刺是否交付了价值的简单方法。冲刺的目标通常比较复杂，仅仅查看一些故事是否完成是不够的。因此，"我们是否实现了冲刺目标？"这样的问题会有所帮助。也许一两个产品待办列表项没有完成，但实现了冲刺的总体目标，认识到这一点很重要。反过来，也许完成了所有产品待办列表项，却没有实现冲刺目标，认识到这一点同样很重要。

在 Scrum 团队确定了冲刺待办列表的内容之后，开发团队会利用冲刺计划会议的后半程来讨论如何交付刚刚承诺的这些功能。期间产品负责人须在附近，以便回答开发团队可能提出的问题。产品负责人不一定要直接参与关于"怎么做"的讨论。事实上，应该确保产品负责人不会过度参与，否则他们制定的解决方案可能会让开发团队错失发现创造性解决方案的机会。

这时，开发团队会讨论交付功能所需要的架构设计和集成，以及在对象、接口、数据库、数据表等方面的特殊需求。开发团队可能会决定进一步拆解冲刺待办列表项（sprint backlog item，SBI），为每个冲刺待办列表项创建不同的任务，例如创建接口、对象、测试任务、自动化，或者团队认为在交付承诺的冲刺待办列表项的过程中需要的任何其他步骤。

如果采取这种拆解为任务的方式，那么团队通常会逐个估算这些任务的小时数，而不是估算故事点数。虽然人们不善于做长期估算，但短期估算的能力不算太差。因此，就一个为期两周的冲刺来说，对任务时间的估算通常不会太差，所以估算任务的小时数不算是糟糕的实践。然而，试图估算可能在五六个月后才进入冲刺待办列表的产品待办列表项或者任务就没什么意义了，这种估算的偏差可能会非常大。Barry Boehm 用他称之为"漏斗曲线"的图来描述这种现象，该图就是工程师们使用了多年的"不确定性圆锥"的另一种版本（见图 3-5）。

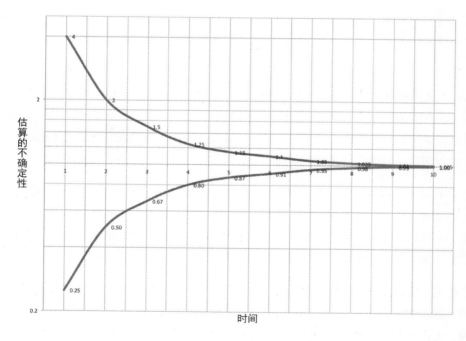

图 3-5　漏斗曲线

一旦开发团队讨论完了"如何"交付冲刺待办列表中的项目，就可以开工了，并且应该立即举行每日 Scrum 站会，讨论第二天计划完成的事情。可以基于待办列表的总规模来绘制冲刺燃尽图，无论总规模是使用总小时数、总项目数，还是总故事点数来表达的。

3.8　冲刺的一般长度

不同 Scrum 参考资料关于冲刺长度的建议也不同，有说 1 到 4 周的，也有说 1 个月以内的，这导致很多问题过于关注技术上的细枝末节，而忽略了背后的实质。

关键不在于冲刺的长短，而是在于如何在产品真正发布之前，有尽量多的机会来检视和调整。

如果顾客每周都会改变主意，而冲刺的长度是 3 周，情况就不太妙了，因为这样无法针对顾客提出的修改意见及时做出响应或者调整计划。如果冲刺的长度是 1 周，冲刺计划会议的数量是其 3 倍，用于将产品待办列表中的项目移入冲刺待办列表来开展工作。相比长度为 4 周的冲刺，就有 3 倍的机会来进行检视和调整。

更长的冲刺可能会为 Scrum 团队提供更多机会来在多团队环境中开展跨团队合作。此外，对于硬件设备嵌入软件之类的产品，从硬件生产的角度来看可能有必要使用更长的时间盒。

对于软件产品来说，常见的冲刺长度是两周。大多数有经验的教练通常会推荐从两周的冲刺开始，首先试行一段时间看看效果，等到 Scrum 团队积攒了足够的数据和经验可以参考时，再调整长度。

Scrum 团队应竭尽全力找到选定时间盒中的高效工作法，而不是仅仅因为当前时间盒难度太大就选择另一种时间盒。直面挑战，并找到相应的解决方法。除非有十足的理由，才可以改变时间盒，并且在选择新的冲刺长度时一定要明智。可以接受的最高频次大概是每年更改一次，但我更倾向于建议团队一旦确定了长度就保持不变，除非是缩短。

我经常听到企业和团队抱怨说，冲刺不可能再短了，因为如果将产品待办列表项切分得更小，它们就无法交付，甚至无法演示了。我接受了这个挑战，并且通过一期故事写作培训班和一段时期的指导，向他们证明了只需要纪律、一些想象力，以及对可能性的追求，就能让产品待办列表项提供完整的顾客价值，还能纳入更短的冲刺，甚至是为期几天的冲刺。

我还听到企业抱怨说，更短的冲刺会导致更多会议，而他们已经有太多会议了。这个逻辑是有缺陷的，会议确实是更多了，但会议的时长也会成比例地缩短，所以最终花在会议上的时间还是相同的，无论冲刺是每周、每两周、每 3 周还是每 4 周进行一次。

指导原则如下：

❑ 冲刺计划会议 = 2 小时以内 / 一周的冲刺；
❑ 冲刺评审会议 = 1 小时以内 / 一周的冲刺；

❑ 冲刺回顾会议 = 1 小时以内 / 一周的冲刺。

每日 Scrum 站会永远不会超过 15 分钟，与冲刺长度完全无关。

待办列表精化是一项持续进行的活动，没有固定的时间或者长度。

待办列表精化

一项持续进行的活动，由产品负责人增添、删除、移动项目，或者将项目拆分成更小的项目。产品负责人还会添加验收标准，从而让开发团队明确项目完成所需要满足的条件，以便估算该项目的工作量和复杂度。

无论冲刺的长度是不是 4 周，一想到评审会议可能会持续 4 个小时之久，我就感到不寒而栗。如果冲刺中需要反思这么多事情，不由让人怀疑 Scrum 团队在 4 周冲刺期间是否真的在解决问题。

对于因为缩短冲刺长度而导致会议增多的企业来说，真正的问题在于他们没有利用这些指导思想，有效地将会议控制在时间盒内。还有一些迹象也会暴露现有的问题，由此追根溯源，就能够找到无法缩短冲刺长度的真正原因。

在我与 NAVTEQ 合作之初，他们为两周冲刺举行的冲刺计划会议几乎会持续两天。部分问题在于产品负责人未能有效地精化待办列表，所以大部分时间耗在了重写用户故事（用户故事是他们选择的产品待办列表项的描述方法）、讨论验收标准的细枝末节，以及争论估算结果上面，这种争论要么是因为不信任开发团队的估算，要么是因为开发团队中的高层（甚至是前任经理）之间互不相让。

选择冲刺长度时，另一个需要考虑的关键因素是商业模型的性质和所开发产品的成熟度。如果产品很新，处于科技前沿，那么可能需要较短的冲刺，以便适应科技进步带来的各种变化，也可能需要很多修改，因为仍然处在实验和学习阶段。如果产品比较成熟，大部分工作是对现有系统的增强，也可以采用较长的冲刺，不过长达 4 周的冲刺实在乏善可陈。

如果 Scrum 团队正处在起步阶段，建议采用两周的冲刺，并且坚持这个冲刺长度，直到有充分的理由进行修改，这样可以让团队和企业现存的许多障碍和功能紊乱浮现。发现这些问题之后，Scrum 团队就可以一同寻找解决方法了。

3.9　如何衡量产品交付/预计完成日期的进度

看到这个问题，我忍不住想给出一个简单明了的回答，诸如下面这些。

"可工作的软件是衡量进度的首要标准。"

"'完成'就是完成了……或者只要顾客满意就行。"

"Scrum 专注于产品交付而不是项目管理，所以只有产品彻底停产时才算'完成'。"

"拥有了足够向顾客交付的价值，就是'完成'了。"

……

上述说法虽然都有道理，但对这个问题需要刨根究底。此外，这里其实不只有一个问题，而是有好几个，它们在某种程度上相互关联，尽管不是完全关联。

首先看看如何衡量产品交付的进度。提到产品交付，我马上就会想到"价值交付"，因为产品就是向顾客交付的价值，只是加上了包装和品牌而已，我还会想到贷款买房的类比。

假设你想贷款买一栋售价为 50 万美元的房子，30 年期限，固定年利率为 3.35%，应付总额近 80 万美元。如果你对贷款公司说："嘿，别担心，我会在 30 年之后给你们写一张支票，一次付清 80 万美元。"你觉得他们会同意吗？肯定不会。他们希望自己的投资能获得迭代式和增量式的价值交付，希望看到你按计划付款，不会违约。

同理，顾客向我们购买了软件，然后耐心地等待我们交付他们所期望的价值。告诉顾客代表（企业）我们会在 9 个月或者 12 个月之后一次性交付，肯定是行不通的。

顾客需要迭代式和增量式的价值交付，确保产品发布符合预期。在某些情况下，企业或顾客确实不在乎最终交付之前的交付，即每次迭代的交付，但他们理应在乎，前面概述过原因了：可以确认开发团队正按计划交付产品。

我在为这类人提供指导时经常会说："这就是应该每两周获得一次可发布产品的原因……"在我解释时，客户通常会经历那种"顿悟"时刻，并且开始认同这个想法。我发现他们不仅变得更配合，而且更渴望在每次冲刺中看到可发布的增量。

问题中还提到了"完成日期"，还是那句话，Scrum 更关心产品交付，而不是项目执行。顾客不在乎项目管理，而在乎价值交付，所以也在乎产品交付。产品永远不会完全完成，需要根据用户反馈进行增强和调整。

项目生命周期

项目的起始和结束，范围和成本都明确。出于敏捷产品管理的目的，产品负责人可以使用项目作为保障产品开发工作资金的方法，因此可能会有各种形式的项目：每月、每季度、每年、每次冲刺、每次发布，等等。

产品生命周期

　　产品的生命周期本质上是不确定的，所有产品开发者都希望自己的产品能够存续10 年、15 年、20 年，甚至是 30 年，例如 Windows 已经存在了 30 多年，经历了很多修补和各种版本。也许有一天，微软会让 Windows "退休"，用完全不同的产品取而代之。产品生命周期中会有许多项目。

　　我觉得提问者真正想问的是："何时才能确定已经完成了发布呢？"这分为多种情况。有的发布可能是基于冲刺的，每次冲刺或每 × 次冲刺发布一次。这样就简单了，无论时间盒多长，在时间盒结束时发布就完成了。

　　也可能通过其他时间增量来确定发布时间盒，例如月度发布、季度发布等。这种发布也在时间盒结束时完成，但与日历时间相关。

　　也有发布是基于范围而非时间的。例如有一个最小可行产品包含了多达 400 个故事点的特性，那么直到这些特性全部交付之前，基本上是无法交付产品的。不过，此后的交付可能会小得多，根据发布策略的不同而异。例如第 2 次发布可能是 100 个故事点的特性，第 3 次发布可能是125 个故事点，第 4 次发布可能是 75 个故事点，等等。这些发布是由特性、范围或价值驱动的，而不是由日期驱动的。

　　对于这种由范围而不是固定日期（时间盒）驱动的发布来说，可以试着基于开发团队的速度来**估算**发布日期。速度是每次迭代中交付价值量的平均值，一般以故事点为单位，但也可以用特性或产品待办列表项数量，尤其是在将产品待办列表项拆解为一天之内的工作的情况下。

　　产品待办列表中代表发布的部分会使用故事点进行估算（或者进一步拆解），从而得出发布的总规模。如果不清楚开发团队的速度，可以猜测一个速度值，或者等到冲刺计划会议结束后，使用纳入冲刺中的工作量来估计速度。

　　一旦开发团队完成了一次冲刺，就有可以用作"速度"的实际数据了，尽管只有一个数据点。随着完成更多冲刺，速度会更准确地反映出在一次冲刺中实际可完成的工作量。

　　接着将发布规模除以速度，以此估算所需冲刺数量，然后将冲刺数量乘以冲刺长度，就得到了从起始日期往后的所需周数，从而估算基于固定范围发布的交付预期。

　　反过来，对于固定日期的发布，也可以采用类似的方法估算交付范围。可以从发布的固定日期开始，数出从开始日期到发布日期之间的周数，然后将周数乘以开发团队的速度，以此估算发布中可以完成的总量。如果不清楚速度，可以先猜测一个速度值，等到开发团队的速度稳定后再调整。

这样一来，何时能够完成就很清楚了：要么是固定的时间盒结束，要么是固定的范围**全部**完成交付。

3.10 完成的就是完成了：用户故事

在敏捷世界中，"完成的定义"是一个相当流行的（有时是情绪化的）主题。似乎每个人在这个问题上都有自己的观点，从"看情况"到"让团队自己决定吧"，再到为所有可能的情况精心设计业务规则和标准。现在采用敏捷实践（特别是 Scrum）的企业越来越多了，它们也开始在这个问题上向有经验的人士寻求指导。

这个问题为何如此复杂？

其中的一个原因在于对"done"一词的滥用。这个词可以应用于故事、史诗、发布、产品等各个层面上，我们必须要区分这些语境。完成的含义在每种情况下都不同，这里只关注产品待办列表项（用户故事）的完成标准。

这个问题的另一面是角度的不同。"done"一词经常用于表示"完成"（complete），正如开发团队说："我们完成这个故事了。"（We are done with this story.）该词还可以表示"验收"（acceptance），正如产品负责人说："这个故事通过验收了。"（This story is done.）我在教学和指导中经常说：不要用"done"，而是要用"完成"和"验收"来表示更具体的状态。

因此，"完成的定义"包含了两个方面：完成标准和验收标准（见图3-6）。

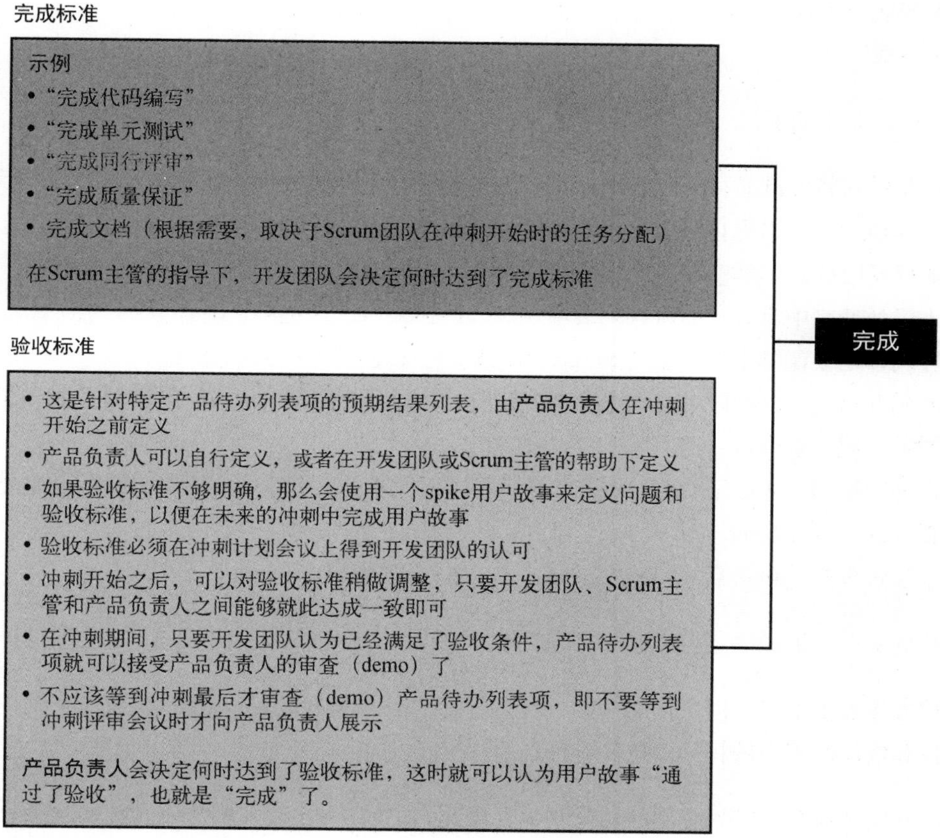

完成标准

> 示例
> - "完成代码编写"
> - "完成单元测试"
> - "完成同行评审"
> - "完成质量保证"
> - 完成文档（根据需要，取决于Scrum团队在冲刺开始时的任务分配）
>
> 在Scrum主管的指导下，开发团队会决定何时达到了完成标准

验收标准

> - 这是针对特定产品待办列表项的预期结果列表，由产品负责人在冲刺开始之前定义
> - 产品负责人可以自行定义，或者在开发团队或Scrum主管的帮助下定义
> - 如果验收标准不够明确，那么会使用一个spike用户故事来定义问题和验收标准，以便在未来的冲刺中完成用户故事
> - 验收标准必须在冲刺计划会议上得到开发团队的认可
> - 冲刺开始之后，可以对验收标准稍做调整，只要开发团队、Scrum主管和产品负责人之间能够就此达成一致即可
> - 在冲刺期间，只要开发团队认为已经满足了验收条件，产品待办列表项就可以接受产品负责人的审查（demo）了
> - 不应该等到冲刺最后才审查（demo）产品待办列表项，即不要等到冲刺评审会议时才向产品负责人展示
>
> **产品负责人**会决定何时达到了验收标准，这时就可以认为用户故事"通过了验收"，也就是"完成"了。

完成

图 3-6　完成的定义：完成标准和验收标准

完成标准总结如下。

- ❑ "完成代码编写"：根据企业或团队的定义。
- ❑ "完成单元测试"：根据企业或团队的定义。
- ❑ "完成同行评审"：根据企业或团队的定义。
- ❑ "完成质量保证"：根据企业或团队的定义。
- ❑ 完成文档：根据需要，取决于 Scrum 团队在冲刺开始时的任务分配。

还有产品负责人可能没有要求的其他标准，有时称之为"非功能性"要求，因为这些要求不会实际增添用户功能或者实际价值，但如果缺少了这些要求，特性的质量就会受影响。

开发团队会决定何时达到了完成标准，必要时可以由 Scrum 主管提供指导。这时，用户故事就视为"完成"了。

验收标准总结如下。

- ❑ 这是针对特定产品待办列表项的预期结果列表，由产品负责人在冲刺开始之前定义。
- ❑ 产品负责人可以先自行草拟这份列表，然后再寻求开发团队和 Scrum 主管的帮助。
- ❑ 如果验收标准不够明确，那么会使用一个 spike 用户故事来定义问题和验收标准，以便在未来的冲刺中完成产品待办列表项。
- ❑ 冲刺计划会议结束时，整个 Scrum 团队必须一致同意这些验收标准。
- ❑ 冲刺开始之后，可以对验收标准稍做调整，只要开发团队、Scrum 主管和产品负责人之间能够达成一致即可。
- ❑ 在冲刺期间，只要开发团队认为已经满足了验收条件，产品待办列表项就可以接受产品负责人的审查（demo）了。
- ❑ 不应该等到冲刺最后才审查（demo）产品待办列表项。

产品负责人会正式决定何时达到了验收标准，这时就可以认为用户故事"通过了验收"。

这种方法提供了一个模块化的框架，既能适应"完成代码编写"之类的定义，又明确描述了特性交付和确认过程中的相关角色和责任。

如果一家企业努力实现完全的功能测试自动化，将其作为全面回归测试套件的一部分，在"完成质量保证"的标准中就可以加上"创建自动化测试脚本"。

此外，可能有人会同意"同行评审"的含义，但不同意"完成质量保证"的标准。使用这种模块化的定义，人们可以在这些定义的基础上进行调整，以便符合自己团队的要求。

为了更好地定义"完成"，下面从"完成的定义"的角度，列出各个阶段和相应的事件（见图 3-7）。

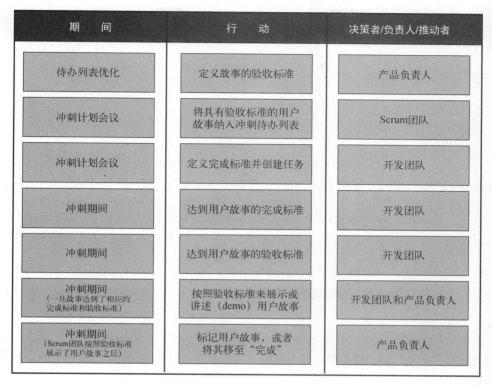

期　　间	行　　动	决策者/负责人/推动者
待办列表优化	定义故事的验收标准	产品负责人
冲刺计划会议	将具有验收标准的用户故事纳入冲刺待办列表	Scrum团队
冲刺计划会议	定义完成标准并创建任务	开发团队
冲刺期间	达到用户故事的完成标准	开发团队
冲刺期间	达到用户故事的验收标准	开发团队
冲刺期间（一旦故事达到了相应的完成标准和验收标准）	按照验收标准来展示或讲述（demo）用户故事	开发团队和产品负责人
冲刺期间（Scrum团队按照验收标准展示了用户故事之后）	标记用户故事，或者将其移至"完成"	产品负责人

图 3-7　用户故事完成的定义的关键事件、行动和负责人

　　第 2 列中的行动项目在第 1 列中相应的 Scrum 活动期间执行，第 3 列则明确了该行动项目的主要负责人。

　　对于我教练过的产品负责人和开发团队之间关系高度紧张的许多团队来说，这张表帮助他们明确了谁在什么时间负责什么。在这张表以及良好的"完成"定义的帮助下，人们建立了预期，缓解了冲突。Scrum 团队会在每次冲刺最后的冲刺回顾会议上回顾"完成的定义"。

　　每个企业（及团队）都必须在各种层面（故事、冲刺、发布等）上，就特定项目或产品的"完成的定义"达成一致。

3.11　故事点和燃尽图

　　在讨论故事点之类的估算方法之前，先谈谈估算。

　　我不喜欢"估算"（estimate）这个词。

相比之下，"猜测""算命""预测""预见""预言""预报""占卜""评估""看法"等词似乎更恰当。

《韦氏词典》中 estimate 一词有如下几项定义。

a. 暂时性或近似地判断价值、金额或重要性。
b. 大致判断规模、范围或本质。
c. 近似地描述成本。

还列举了一些近义词，包括评估、估计、猜测，等等。

事实上，Twitter 上有一个名为#NoEstimates（不要估算）的大规模运动，由 Woody Zuill 发起。该运动的支持声和反对声都很大，下面总结其中一些要点，并谈谈我自己的看法。

归根结底，"估算"一词无论用作动词还是名词，都没有"永久""固定""明确"的意思，但在项目和产品开发中，人们经常将估算当作承诺。

这是有害的。

对规模有一定概念是一件好事，但前提是关注点不在估算的准确性，而在所开发产品的适用性、质量和价值上。

话说回来，敏捷中有两个常用的估算方法：**绝对估算**和**相对估算**。

绝对估算就是人们听到"估算"一词时通常会想到的概念，也就是在传统项目和产品开发中常用的一种方法。绝对估算试图猜测确切的时间、成本和规模，等等。

绝对估算的原理是，首先考虑完成一项任务或其他工作包所需时间的各种影响因素，然后猜测这份工作所需时间，谓之**估算**。

绝对估算

试图猜测某个任务或特性的成本或时间，便是在进行绝对估算。也就是说，绝对估算是基于绝对的标准而为具体项目赋予一定的数值，相对估算与之相反。

下一步是将该估算和团队中负责该工作的员工的混合费率（如果知道）相结合，估算工作包成本，接着将所有工作包和任务的估算相加，试图估算整个项目的成本——这种做法永远都是**错误**的。

下面对问题追根溯源……

假设有 3 项任务：A、B 和 C。

假设每项任务的误差范围都是 25%。按照开发人员 Joe 的估算，任务 A 需要 4 小时，任务 B 需要 6 小时，任务 C 需要 10 小时，即这 3 项任务实际上可能分别需要 3 到 5 小时、4.5 到 7.5 小时，以及 7.5 到 12.5 小时，总时间可能在 15 到 25 小时之间。

此外，Joe 和 Susie 在同一个团队，Joe 的年收入是 75 000 美元（时薪 36 美元），Susie 的年收入是 125 000 美元（时薪 60 美元）。传统做法是使用每年 10 万美元（时薪 48 美元）的混合费率来估算，从而得出：20 小时 × 48 美元/小时 = 960 美元的总成本，然后基于 Joe 提供的最初估算和混合费率来计算全部任务的成本。

然而，根据工作执行者的不同，任务 A、B 和 C 的总成本可能会介于 540 美元到 1500 美元之间：最短时间是 15 小时，最低时薪是 36 美元；最长时间是 25 小时，最高时薪是 60 美元。

最终，对任务总成本的估算可能会有 44% 到 56% 的偏差，分别对应 540 美元和 960 美元之差，以及 1500 美元和 960 美元之差。

有人可能会说："这有什么大不了？"

此言差矣。上面只是一个非常简单的情况，如果在数额后面增加几个 0，考虑全部任务和多个开发团队的规模，就变成了 54 万美元和 150 万美元之差，96 万美元的差额对于业务发起人或首席执行官来说可不是一件小事。任务越多，团队成员越多，复杂度也就越高，估算的准确度也就越低。

然而，人们将这样的估算奉为圭臬。

出于这个理由，绝对估算对很多人来说成了一个很情绪化的问题，我称之为"二手车"游戏……

假设我想卖一辆车，希望 2000 美元出手，并且这辆车可能确实值那么多。不过，我知道如果报价 2000 美元，那么感兴趣的人会出一个更低的价格，因为买家就是这样，于是我报价 3000 美元，以期 2000 美元成交。

假设 Steve 想买一辆车，预算只有 2000 美元的积蓄。在看过许多车后，Steve 最终看上了我的这辆，对外观和试驾都很满意，愿意花 2000 美元买下来。但他知道我抬高了价格，如果他出价 2000 美元，我们就会在 2500 美元左右成交，而他负担不起这个数额，所以他出价 1500 美元，于是我们开始讨价还价……

如果交易双方都能在一开始坦诚相待，就可以省去许多可笑的讨价还价和谈判了。

在估算中也有类似的事发生。开发团队以及独立工作者虽然清楚某项任务需要的时间比估算的少，却夸大了估算值，以便获得一些缓冲，因为他们知道管理层和项目经理一定会要求他们在更短的时间内完成任务，角色使然。管理层和项目经理也知道员工夸大了估算，于是要求他们在比估算少得多的时间内完成。如果双方都能坦诚相待，就可以彼此信任，避免这种浪费了。

于是，相对估算应运而生……

人类十分擅长比较大小，例如站在东河的布鲁克林一边，向曼哈顿的天际望去，可以清楚地看出一栋楼比另一栋高，还有一栋楼比前面两栋都高，等等。然而，如果你问我这些楼具体有多高，我就回答不上来了，顶多瞎猜一个，或者先数出楼层数再乘上 10 或 12（英尺），但终归不够准确。

相对估算

这种估算方法基于某种标准来比较项目之间的相对复杂度，而不是像绝对估算那样从绝对标准的角度来试图猜测准确数值。一般说来，会选择修改后的斐波那契数列或者 T 恤尺码作为比较标准。理论上相对估算和绝对估算之间没有相关性。

事实证明，人们也十分擅长比较软件特性。凭借作为开发人员和质量保证工程师的毕生经验，我可以在片刻之间从一份包含 20 到 50 个特性的列表中看出一个特性比另一个特性更大，还有一个特性比这两个特性小得多，等等。

这种凭借"直觉"进行的相对复杂度估算会和事实非常接近，大致达到了制定发布计划所需要的准确度。人们需要对发布规模有一定概念，从而追踪发布的进展情况。

其实没有什么"直觉"，也没有所谓的"第六感"。当我们感觉自己知道某件事，却不知道自己是如何知道这件事时，实际上是大脑在潜意识里（在几纳秒内）基于已有经验和知识做出了判断。事实上，一旦开始有意识地思考问题，我们总是会考虑那些不大可能的情况，逻辑决策能力反而会受影响。虽然不总是如此，但这种效应不容忽视。

相对估算的一个重要特点是将特性的复杂度而非工作量视为常量。在构建一组特性，例如打印对话框的特性时，无论由谁开发，这份工作的复杂度都是相同的。打印对话框的复杂度可能属于中等，一位初级开发人员可能需要两天时间完成，一位高级开发人员可能只需要两个小时。类似地，团队中可能有人工作更有条理、更仔细，花费时间更多，但最终代码质量更高。总之，完成同样功能所需要的时间可能相差很大，所以与其猜测花费的时间多少，将复杂度视为常量才是更合乎逻辑的估算方法。

团队经常以 T 恤尺码为标准，以此强调他们为一个特性指定的相对规模与交付该特性真正需要的时间之间没有相关性。需要理解的是复杂度，而非时间。然而将 T 恤尺码中的 M 码和 XL 码相加，或者将 S 码和 L 码相加，都是没有意义的。字母不能做加法，所以无法用于计算发布的总体规模。最终，使用 T 恤尺码的团队经常会为 T 恤尺码指定某种点数，通过将点数相加得出总体规模。（诸如"水果沙拉"、猫体型等人们发明出来的"可爱"的估算方法也是一样。）

这就是为什么团队采用诸如修改后的斐波那契数列和 2 的 N 次幂之类的点数方法。采用这些点数标准，团队可以基于相对复杂度为特性赋值，不用担心需要准确地为特定项目指定规模。

斐波那契数列是满足以下公式的无穷数列：

$$F_n = F_{n-1} + F_{n-2}$$

其初始值为：

$$F_0 = 0, F_1 = 1$$

数列取值如下：

$$0, 1, 1, 2, 3, 5, 8, 13, 21, 34, 55, 89, 144, \cdots$$

这是一个无穷数列，没有尽头。用于估算时，不需要其中的 0，也不需要有两个 1。此外，许多团队和企业会改用更整的数，例如用 20 替代 21，用 40 替代 34，然后直接跳到 100。

为何使用斐波那契数列？正如迈克·科恩在《敏捷估计与规划》一书中所言：

这类非线性数列的效果不错，因为它们反映了估算较大工作单元时较大的不确定性。

迈克·科恩还提到，由于斐波那契数列中相邻两项之差会不断增加，这样有助于强调所估算特性的相对规模。8 和 9 之差为 1，1 和 2 之差也是 1，使用自然数列无法得到两个值之差不断增加的效果。图 3-8 画出了斐波那契数列。

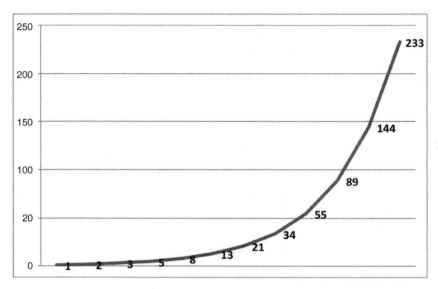

图 3-8　斐波那契数列图

2 的 N 次幂也是如此：

$$2, 4, 8, 16, 32, 64, 128, \cdots$$

相邻两项之差也是非线性的（见图 3-9）。

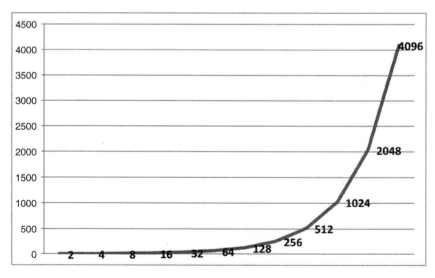

图 3-9　2 的 N 次幂图

我合作过的一些团队喜欢这种标准胜过斐波那契数列，理由五花八门，主要是出于对二进制的热爱。（最不明显的原因是，想显得与众不同……）

在估算产品待办列表中的项目时，应该专注于那些发布中需要的项目。如果花费时间估算其他项目，一旦那些项目被删除或者过时了，这些精力就白费了。后面会详细讨论发布计划会议，简而言之，要么估算固定交付日期之前能够产出的范围，要么基于固定范围来估算交付日期。

有了发布规模之后，就可以使用燃尽图来追踪发布的进度，正如在冲刺中使用冲刺燃尽图一样。Scrum 没有规定燃尽图应该使用什么单位，只是说应该每天对冲刺的进展情况有一定概念，以及在每次冲刺之后对发布的进展情况有一定概念。

产品待办列表通常使用故事点作为发布的粒度，但我指导过的一些团队会使用项目数量而不是故事点，其中最成功的一个团队选择将产品待办列表项拆分为工作量不超过一天的小特性。他们不喜欢"估算"，但不介意做拆分，尽管拆分也算一种非正式的估算。

对于冲刺待办列表，可以用故事点、产品待办列表项、任务或者小时数来表示其规模，从而得到一张按照选定单位反映每天剩余数量的冲刺燃尽图。剩余工作量能够反映是否在实现冲刺目标的正确轨道上，而已经完成的工作量是没有这个效果的。

这就像计划从纽约市到圣迭戈的一次公路旅行一样。假设每天需要开 10 小时，开 4 天才能抵达。正常来说，第 1 天会抵达纳什维尔，第 2 天抵达达拉斯，第 3 天抵达埃尔帕索，最后一天抵达圣迭戈。那么，如果第一天已经开了整整 10 个小时，是否意味着只剩 3 天了？不一定。也许路遇堵车、事故、施工或者绕行，这一天才刚到华盛顿特区、罗阿诺克或者弗吉尼亚，还需要3.5 天才能够抵达圣迭戈。这才是我们关心的事情，和已经走了多久无关。

3.13 节会深入讨论燃尽图的趋势。

3.12　嘿！我可以同时实现固定成本和固定日期

我有一个你无法拒绝的提议……

不要因为我是西西里人而害怕。

我说的是产品开发，不是"垃圾收集"。

敏捷中这些关于不确定性的东西容易让人心烦意乱，但我有一个秘密要分享，这是敏捷中最常被忽略的地方之一，我甚至打算免费分享这个秘密。

这个秘密就是……

众所周知，Scrum 中的固定时间盒或者迭代称为**冲刺**，但你可能没有意识到，如果 Scrum 团队纪律严明，在冲刺中只发布满足强大而完整的"完成的定义"的项目，那么将会实现……

固定交付日期！

不过，如果他们在"完成的定义"的各种标准上偷工减料，将产品置于风险之中，那就不好说了。如果他们在冲刺中延期、不断改变冲刺长度，或者采用了 HIP 冲刺之类的荒谬实践，就无法保证……

固定交付日期！

因此，让 Scrum 团队担负起责任，让他们有权做出别人无法替代的关键决策吧。在 Scrum 的指引下，他们会提高产品质量、不断集成、采用浮现式设计、通过提出新想法来改善、每次计划更少的事情，从而让产品符合不断变化的顾客需求和技术进步。结果将是……

固定交付日期！

如前所述，Scrum 开发团队应该由 5 到 9（7±2）人组成。如果用 10 万美元的混合费率来代表团队成员（包括顾问）的平均薪水，那么开发团队每年的成本为 50 万美元到 90 万美元。就是这样！这就实现了……

固定成本！

接下来，通过简单的除法就可以算出每次冲刺的成本。假设一次冲刺的长度是两周，那么根据开发团队规模的不同，每次冲刺的成本为 1.9 万美元到 3.5 万美元；假设每 3 次冲刺（6 周）发布一次，那么每次发布的成本为 5.7 万美元到 10.5 万美元。太棒了，这就是……

固定成本！

无法奢求更多了！

真的无法奢求更多了，例如固定范围。在 Scrum 中，想要获得固定成本和固定交付日期，就需要范围具备弹性。这是好事，不用担心。

范围具备弹性可以确保我们能够适应顾客需求变化、技术变化，以及更重要的业务优先级变化。为此，冲刺应该尽可能短。如果冲刺的长度是一周，就可以计划更短的增量，以更细的粒度调整战略，避免成本高昂的大幅转向。

在总体战略层面还有更高级的计划元素：愿景、路线图、发布层面的计划，以及为每次冲刺制定冲刺目标，它们都有助于我们专注于目标和长期战略。

没有固定范围是一件好事。虽然也可以在发布中追求固定范围而不是固定交付日期，但在范围、成本和时间这三个因素中，最多追求一个固定、一个稳定、一个有弹性，再多就不切实际了。那些希望三者都固定（所谓的"完全固定价格"）的人，去翡翠城找奥兹魔法师吧，童话故事里无所不有……

总而言之：

固定交付日期和固定成本。

3.13 燃尽图的各种趋势说明了什么

燃尽图是用于追踪冲刺中剩余工作的一种方式，开发团队借以明确冲刺目标的完成进度，当前进度是否合理一目了然。

若想生成燃尽图，首先需要度量在冲刺计划会议中得出的冲刺待办列表的总体规模。例如 Scrum 团队在确定了冲刺中可以完成的特性之后，使用故事点来估算待办列表项，然后得出冲刺待办列表的规模为 40 个故事点。

冲刺燃尽图

在冲刺生命周期中的各个阶段展示剩余工作量的图。使用的单位可以是小时数（在任务中最常用）、任务数量、故事点数、产品待办列表中的用户故事数量，等等。

另一个例子是，团队在冲刺计划会议的后半段将产品待办列表项拆解为任务，然后使用小时数估算这些任务，得出代表冲刺待办列表（任务）的总小时数。

这是之前提到的美国财政部，他们的开发团队将产品待办列表项拆解为不超过一天的工作，然后在冲刺计划会议之后使用产品待办列表项的数量作为冲刺待办列表的规模。

一旦确定了冲刺待办列表的规模，那么每天只需要数出剩余工作的单位数量（待办和进行中的项目），然后在图上标一个点，就可以更新燃尽图了。例如第一个例子中的团队可能在冲刺第 2 天剩余 35 个故事点，在第 3 天剩余 30 个故事点，等等。

燃尽图能够提供团队进度的每日快照。一般说来，燃尽图会在开发团队全体成员出席的每日 Scrum 站会上更新。

使用电子工具得到的燃尽图更具针对性，并且是"实时"的。也就是说，只要开发团队成员完成了一个产品待办列表项或者任务，更新了状态，软件就会自动计算剩余工作量。因此，无论何时有人希望生成一份报告或者浏览燃尽图，看到的都是最新版本。

接下来的问题就是如何解读燃尽图了。首先强调一点，燃尽图不是用于管理或衡量团队绩效的，更不是用来比较各个团队的。如果企业陷入了这样的误区，那建议团队干脆别用燃尽图了。如果能在冲刺中做到有规律的协作、就关键事项进行沟通、检视并调整，等等，那么不需要冲刺燃尽图也能够明确进展。如果燃尽图有帮助，就保留下来；如果有损团队，就别用了。

3.13.1 小幅上扬

很多原因会导致燃尽图中出现小幅上扬。也许冲刺计划会议中遗漏的某些任务添加到冲刺待办列表中了；也许对有些工作的估算不准确，开始工作之后才发现剩余工作量比估算的大得多；也许产品负责人或者某人未经开发团队允许就向冲刺待办列表中添加了项目，或是胁迫开发团队添加了项目，而 Scrum 主管没有尽职地起到保护作用。

关键问题在于，向范围中添加工作的速度超过了开发团队的完成速度。由于发现冲刺计划会议中遗漏的一些事情，燃尽图中呈现出一段小幅上扬（见图 3-10），这种情况并不罕见，尤其是在 Scrum 初期的几次冲刺中。如果该问题一直存在，那么我会将情况反映给开发团队，并让他们做出解释，以便寻找其中的规律。

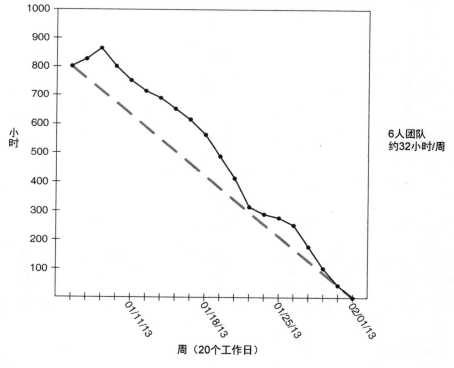

图 3-10 燃尽图中的小幅上扬

3.13.2 水平线

和小幅上扬一样，有多种原因会导致燃尽图的某些部分几乎或者完全呈现水平（见图 3-11）。

也许是开发团队遇到了重大障碍，使得整个团队无法完成任何工作，导致连续几天剩余工作量都没有变化。一旦解决了障碍，团队有时会选择加班来消除该障碍造成的影响，但一般不提倡这样做，因为这样就会把该障碍造成的影响掩盖了，而应保持这种影响可见、透明。

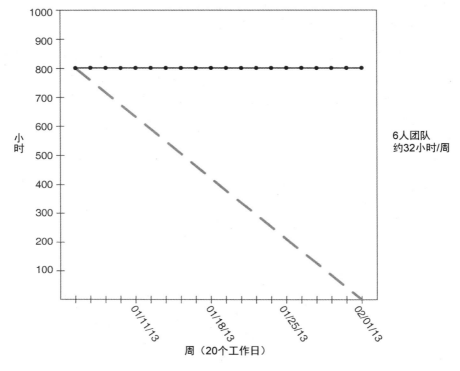

图 3-11 燃尽图中的水平线

燃尽图呈现水平的另一个原因是向冲刺待办列表中添加工作的速度和团队完成工作的速度相同，导致连续几天的剩余工作相同。假设团队剩余 42 个故事点，到了第二天，虽然已经完成了 16 个故事点，但冲刺待办列表中又新增了 16 个故事点，所以仍剩余 42 个故事点。

3.13.3 急速下降

对于使用电子工具生成燃尽图的团队来说，这种现象很常见。团队成员都在忙着编写软件，忘了及时更新状态，或者不愿意在编写文档上"浪费时间"，等到 Scrum 主管或者某个团队成员指出燃尽图正趋向水平时，大家才意识到这是因为没人在软件中更新自己的项目。在大家纷纷更新之后，剩余工作就会呈现急速下降（见图 3-12），其实只是恢复了本来面貌。

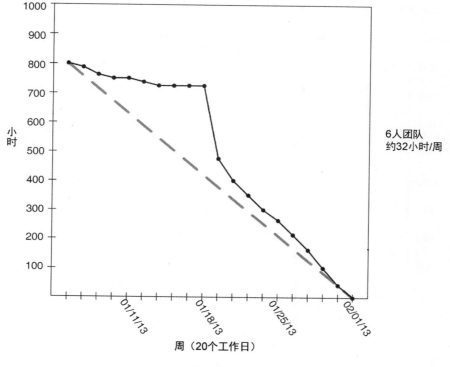

图 3-12　急速下降

　　冲刺燃尽图呈现急速下降趋势的另一个原因是，产品负责人发现团队承诺的某个特性已经不再需要或是失效了。产品负责人会向 Scrum 主管和开发团队说明继续开发该特性已经没有意义了，并向开发团队询问这个变化造成的影响。如果他们已经在开发这个特性了，也许需要额外的工作来清除该特性，确保代码干净、无风险。此外，开发团队也许能从产品待办列表中选出一个新的产品待办列表项来替代这个终止的产品待办列表项，但这就要由开发团队自行决定了，他们需要与产品负责人共同讨论各种可能性与合理性，等等。

3.13.4　完美直线

　　如果燃尽图看起来和所谓的"理想直线"完全一致（见图 3-13），这种情况就称为"胡说八道"或者"扯谎"。这也是为什么我倾向于建议团队不要在燃尽图上画出理想直线，因为这样会让燃尽图倾向于接近这个预期，而不是真实地反映剩余工作量。大多数人可以想象出燃尽图在冲刺期间一切进展顺利的情况下会是什么样子，所以根据我的经验，没有必要再添上这么一条线了。

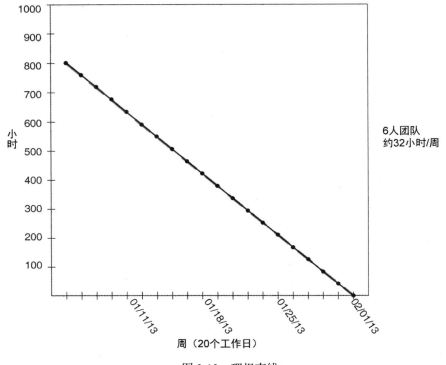

图 3-13 理想直线

也许有的冲刺看起来确实像"理想直线",但如果每次冲刺都是这样,不由让人怀疑开发团队中存在什么别的问题。

说到底,对于燃尽图为什么呈现某种态势,没有唯一的解释。Scrum 团队需要通过讨论来理解燃尽图趋势的真正含义,并且讨论中需要考虑团队所了解的完整背景信息和历史记录。在某个不理解完整情况的人的手中,燃尽图可能会成为一件危险的武器,不但会影响团队士气,还会让之前建立的信任和授权都土崩瓦解。

3.14 冲刺之间该不该做出重大改变

虽然"重大改变"的含义不够明确,但出于某些原因,这个问题还是让我眼前一亮。下面会根据对"重大改变"的不同理解来回答这个问题。

首先考虑在团队的运营方式和采用的实践上做出重大改变的情况。显然,这种改变最好发生在冲刺之间,而不是冲刺期间。冲刺期间最好维持原状,否则冲刺目标和冲刺待办列表所基于的假设就会改变,冲刺目标和冲刺待办列表也就失去意义了。

重大改变的例子包括改变交付团队的规模或结构，改变冲刺长度，或者改变 Scrum 的任何基础元素。Scrum 团队可以在这些方面做出改变，但必须经过仔细检视，并且完全理解改变的对象和目的。

当然，如果发生了灾难性事件，必须立即采取措施纠正，Scrum 团队可能有必要在冲刺期间做出改变，但这种情况非常罕见，不必为此担心，船到桥头自然直。

另一种情况是产品本身可能会发生重大改变，例如顾客希望产品的很大一部分重做，因为产品不符合他们的预期或者交付价值。降低这种风险的一种有效方法是确保产品负责人定期与顾客沟通，确认产品在每次冲刺后的增量都符合他们的预期，避免这种突如其来的重大改变。

即使产品和顾客和之间存在某种偏离，导致需要大幅修改或者重做，那么也一定要在冲刺之间修改，而不是在冲刺期间。

产品负责人通过产品待办列表来描述范围内的必要变化，这些新增的产品待办列表项会在举行冲刺计划会议时被处理。避免在冲刺期间要求开发团队做出种种无法预料的改变，是对他们的时间、精力和专注力的一种尊重。

重大改变的最后一个例子是，由于某种灾难性的紧急情况，例如某个产品有缺陷或者某种错得离谱的假设，开发团队如果继续开发会造成公司发生重大损失甚至危及公司运营。在这种情况下，产品负责人应该立即取消冲刺，Scrum 团队应该举行冲刺回顾会议来讨论现状，然后采取进一步的合理措施，例如举行冲刺计划会议并根据最新的范围来确定新的冲刺待办列表。

总而言之，重大改变应该只发生在冲刺之间，但 Scrum 的要点之一就是通过响应式、增量式和迭代式的产品开发实践，避免重大改变。

3.15　小结

产品是企业的立足之本，有时是指市场上销售的真实产品，有时是指可以当作服务来销售的某种工作成果。

无论具体指的是什么，产品应该为顾客解决某种问题，从而交付价值。没有顾客需求，产品就没有市场，所以理解顾客对于企业的生存和成功来说至关重要。

如果做产品的人能够和顾客以及顾客代表紧密合作，产品就会让顾客满意，企业也会获得成功。

第 4 章将讨论为了生产出让顾客满意的产品，团队应该如何良好运作。

第 4 章
真实的团队

没有优秀的人才，企业就永远做不出伟大的产品。

领导层必须致力于为团队提供良好的环境，让团队在努力打造创新性产品时能够茁壮成长，追求卓越，创造力不被束缚，从而最大程度地令顾客满意。

如何更有效地为团队赋能？如何打破命令-控制式的领导习惯？什么对团队和个人来说更重要？

本章探讨如何通过团队这个较小系统的成熟，帮助企业这个构建在团队之上、较大的复杂自适应系统走向成熟。

4.1 有关于自组织的建议吗

自组织是团体在混乱之中自主构建秩序的内在能力。人类拥有得天独厚的复杂大脑，能够思考并理解各种事物，这是天性。我们喜欢解决难题，喜欢开动脑筋探索新事物，崇尚自由，不喜欢受制于他人，同时又是享受与他人互动的社会性动物。

"敏捷宣言"原则中说"最好的架构、需求和设计出自自组织团队"，实际上是在总结这样一个事实：工作中最重要的决策应该由真正从事工作的人做出，并且应该"及时"做出，或者说在需要时做出。不能先解决所有问题再开始做产品，如果要等到拥有了完美的计划才开始做产品，就永远无法开始了。

我们应该在对产品有了足够的愿景和想法时着手开发，之后就交给 Scrum 团队，他们利用专业知识，并基于当时的数据做出各种重要决策。这就是所谓的**经验过程控制**：制定较小的计划，采取行动来执行计划，收集数据并反思计划的执行，然后反思整体的工作方式和改进方法。

戴明环（见图 4-1）很好地说明了上述步骤，它描述了计划、执行、检查、处理（改进）4 个阶段。这个循环很大程度上就是 Scrum 所做的事情：冲刺计划会议（计划）、冲刺（执行）、冲刺评审会议（检查）、冲刺回顾会议（处理）。遵循该步骤可以提高透明度，让团队能够对暴露出来的问题进行反思，然后据此调整或改变。

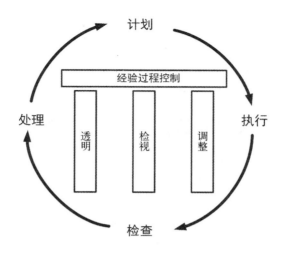

图4-1 戴明环

　　相比传统实践，这个方法就是采用敏捷实践能够更有效地响应变化的原因之一。在传统的项目交付模型中，人们会试图构想出一个全面的计划，其中包含每一种意外情况的处理方法，从而降低过程中所有可能的风险。然而，历史经验表明，人们担心的很多（甚至绝大多数）风险很少甚至从未发生，因此大量时间花在了无用的计划上。相反，当风险和问题出现时再应对会更有效。

　　从管理层的角度来看，自组织主要是信任的结果。信任就像银行储蓄账户，开户时需要一定初始存款。类似地，在企业决定实行敏捷时，管理层需要对Scrum团队投资，给予他们一份初始的信任储蓄。此前企业遵循传统产品交付方法论时的各种实践都已经不重要了，敏捷会带来一套新的规则和认知。可以遵循的准则是"信任团队，除非有充分的理由"。

　　随着Scrum团队交付可工作的软件，顾客的满意度提升，信任账户的余额会随之增加。如果团队没有履行承诺，或者持续产出不符合"完成的定义"或者顾客不满意的特性，就会从信任账户中扣款了。

　　通常来说，随着时间的推移，团队会让顾客满意，也会有资格获得额外的信任和自主权，但在最初，他们需要有机会证明自己。这就是自组织团队的中最重要的成分：信任。

　　在我合作过的几乎所有团队中，我都看到了团队成员的内在动力，正如丹尼尔·平克在他的《驱动力》一书所述。他们希望拥有自主权，追求技艺精湛并掌控职业生涯，不愿意只是每天上班打卡，如此四五十年然后退休，而是希望在工作中寻找更高的意义。脑力工作者（知识工作者）梦想改变世界。

鉴于这一事实，同时也是 50 多年研究的成果，管理层如果仍然使用诸如 X 理论管理风格之类的适用于工业革命时期工厂的策略，就不能指望找到创新性解决方案了。

如果我过去 5 年从事银行业软件开发，那么我一定相当了解这类系统的工作原理和商业模型等，不需要每一步都有人告诉我接下来应该做什么。此外，如果我看到同事们出于探索和发现的目的，因为提出新想法或者尝试新做法而受到了责备或惩罚，那么我也不会冒险提任何建议了。事实上，只要有一次因为提出自认为合理且可行的建议而收到负面效果，我就再也不会提任何建议了。

因此，管理层需要和产品负责人紧密合作，明确想要解决的问题，然后尽可能退后，为那些善于解决问题的人空出位置，让他们根据自己的知识和理解进行小规模实验，弄清楚什么行得通，什么行不通。

与此同时，Scrum 团队应该勇于提出自己的发现，对各种可能性保持开放态度，另辟蹊径，考虑人们或许还没尝试过的新的解决方案。不能因为在过去 75 年中都从 x 开始做产品，就认为永远应该从 x 开始。时代变了，工作方式也应该与时俱进。

Scrum 主管必须做一个"情境领导者"。我常用家长比方，Scrum 主管不应该做团队的"直升机父母"。"直升机父母"就是游乐场的那些从来不让孩子离开自己半步的人，他们像一道屏障一样把自己的孩子与外界隔开，不让他们经受丝毫伤害或危险。

相反，也有像我和我妻子一样坐在游乐场边长凳上的人。如果我们的孩子摔倒了，那只不过是引力给他上了一课，他之后就会记得："不要这样做，因为会导致那样的结果。"如果我们总是不让孩子承担后果，他们就学不到生命中这些重要的教训了。当然，孩子并不需要体验被时速 35 到 40 英里①的汽车撞到，或者被热水烫到的感觉。

同理，Scrum 主管作为整个 Scrum 团队的教练，可能会允许团队犯一些没有严重后果的错误。当然，在千钧一发之际，Scrum 主管不会让团队做出可能给公司造成数百万美元损失的事情，也不会让团队做出对他人的健康和安全构成极大风险的事情。

人类从犯错中学习，学到的东西越多，未来会犯的错误就越少。人们常说，敏捷的重点在于"快速失败"，也就是说，既然团队注定会犯错，那么最好尽早犯下小错，从中学习经验，以免之后犯下代价高昂的大错。不过，我不喜欢"失败"这个词，因为它有种评判他人行为的意味。我们应该避免"成功"和"失败"的论调，而只求汲取经验教训：这样行得通，那样行不通，等等。正如爱因斯坦所言："疯狂就是不断重复做同样的事情，却期待获得不同的结果。"对我来说，这

---

① 1 英里约等于 1.6 千米。——编者注

就是"失败":不断重复做同样的事情,却期待得到不同的结果。

拥有自由的团队才能够实现自组织,而自由源于信任。Scrum 主管应该做的是提供指导和建议,而不是限制、命令和控制。确保实现自组织的最佳方法就是避免紧抓过多细节,允许团队自己解决问题,给予他们探索、学习和创新的自由。

4.2 就驱动过程的能力而论,Scrum 主管与产品负责人/项目经理如何相容

每次教授 CSM 课程时,我都会布置一个名为"项目经理角色映射"的练习。我在课堂上不会透露这个名字,而会直接布置练习。

我会给每桌的小组一摞小卡片,上面写着各种职责,例如:

- ❑ 识别利益相关者;
- ❑ 保护团队;
- ❑ 提出产品愿景;
- ❑ 评估结果;
- ❑ 管理业务风险;
- ❑ 定义冲刺目标;
- ❑ 指导团队;
- ❑ 精化产品待办列表;
- ❑ 管理供应商合同。

我会在每个小组旁边的墙上分别贴上 3 个标签:"产品负责人""开发团队"和"Scrum 主管",同时提供一些胶带或者小圆贴纸。练习的规则很简单:

以小组为单位,讨论这些职责应该分属于墙上的哪个角色,并将卡片贴到相应位置。

接着我会让各个小组开始练习,练习时长通常 10 分钟左右。

结果是,有些职责非常明确地属于某个角色,有些职责则由不同角色共同承担。还有一项职责纯粹是为了好玩儿加进来的,旨在看看各小组如何不知所措。

到了汇报环节,我会从产品负责人这个角色开始,逐项阅读某个小组给该角色分配的职责,然后问他们:"根据你们在敏捷/Scrum 之外的经验来看,这像是什么角色呢?"他们一定会回答

"项目经理"。

他们是自发得出这个结论的，经历了一个重大的"顿悟"时刻。大多数企业倾向于让原有的项目经理担任 Scrum 主管，这种做法有时效果不错。我自己就曾是一个非常严格且有条理的 PMI PMP 项目经理，并且成功实现了范式转移，理解了敏捷的价值观，也理解了这些价值观、原则和实践是如何与企业文化相结合，从而让企业从敏捷中获益的。

然而，许多项目经理没有准备好或者不愿意转换思维方式。他们无法克制微观管理、命令与控制的倾向，需要借助指标来判断健康度，而不是根据产品。有时我能够帮助人们克服这些障碍，成为杰出的 Scrum 主管，但有时也没能成功帮助他们实现这个转变。

顺便说一下项目和产品的差别。项目是为工作的执行提供资金的一种具体手段，产品则是工作的成果。和整个产品的生命周期相比，项目的生命周期相对较短。按照传统标准，项目时长一般在 1 个月到 1 年，当然也有一些例外；产品生命周期则可能达数年，甚至超过 20 年。

产品负责人负责确保产品有足够的资金支持，从而让工作顺利进行，向顾客交付价值。不过，Scrum 没有规定**如何**为产品提供资金。考虑到 Scrum 中的其他一些动态，资金在某种程度上被简化了，因为只需要处理固定成本的问题，用传统金融术语来说就是"沉没成本"。

开发团队通常由 5 到 9 人组成，并且按照 Scrum 的要求，他们应该为一个 Scrum 团队全职工作。简单起见，假设工程师的混合费率是 10 万美元/人，那么对于任何遵循 Scrum 的开发团队来说，无论开发的是什么，成本都会介于一年 50 万美元到 90 万美元之间。

此外，Scrum 中被称为"冲刺"的时间盒或者迭代也是固定的，长度为 1 到 4 周。如果冲刺长度为 1 周，开发团队的成本就介于每次冲刺 9600 美元到 17 300 美元之间，如果冲刺长度为两周，成本就会介于每次冲刺 19 200 美元到 34 600 美元之间，以此类推，清晰明确。

假设冲刺长度为两周，正式发布周期为 6 个冲刺，即每 12 周发布一次，那么每个发布的成本介于 11.5 万美元到 20.8 万美元之间。这就是所谓的**固定价格**和**固定日期**。

什么是不固定的呢？范围。不过，这是敏捷价值观中的一个关键要素：我们可以在过程中选择范围。在本例中，为了让顾客满意，每两周就可以改变一次主意。此外，每两周都能确认开发团队所做的事情是对顾客有价值的，即他们处于正轨，产品符合预期。

除此之外，不需要任何复杂的指标来追踪产品和项目的进度。我们知道每次冲刺的成本和交付进度。如果希望得到更细粒度的数字，可以选择更短的冲刺长度。或许还可以引入幸福指数或者净推荐值之类的指标来衡量顾客满意度,但更复杂的东西可能会带来问题和偏差。

理解了产品负责人和项目经理在职责上的关系之后,下面看看 Scrum 主管这个角色的作用。

Scrum 中的这 3 个角色形成了相互制衡的关系(见图 4-2)。

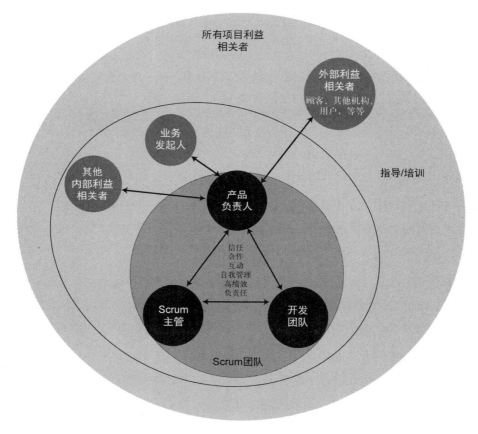

图 4-2 Scrum 中的角色和他们之间的互动

Scrum 主管和开发团队、产品负责人平起平坐,3 个角色互不管理,必须是"Scrum 政府"的 3 个独立且平等的分支。如果有人担当双重角色,制衡的关系就不存在了,就像美国总统不能兼任众议院议长或者首席大法官。Scrum 主管必须是特定、独立的个体。

"驱动过程"的说法含有"强制""规定""命令""控制"的意味,更好的问法也许是:Scrum 主管如何帮助产品负责人成为 Scrum 团队中的一个高绩效成员?

和指导开发团队一样,Scrum 主管也应该指导产品负责人。Scrum 主管负责为产品负责人清除障碍，正如为开发团队清除障碍一样。为了能够有效地指导产品负责人，Scrum 主管需要充分理解产品负责人在 Scrum 团队中的角色。我经常建议那些希望真正成为优秀的 Scrum 主管的人参加 Scrum 产品负责人认证课程，从而充分理解如何拆分产品待办列表项、如何写出优秀的产品愿景陈述等产品负责人的职责，以便有效地向产品负责人提建议。

总之，Scrum 主管需要喜欢与人共事。内向的人无法高效履行 Scrum 主管的职责，因为这个角色需要他们不断重复有违自己天性的事情。

善于与人共事，并且理解政治（"可能性的艺术"）的人，才会成为优秀的 Scrum 主管。作为 Scrum 主管，他们没有实权，因为 Scrum 没有赋予 Scrum 主管任何权力，他们的"权力"来自于通过关系资本和互动所构筑的影响力。理想的 Scrum 主管在企业内是受人尊敬的，无论他们的背景、经验、正式头衔如何，而不是那种拿着燃尽图和障碍日志到处寻事的人。

相反，利用自身的影响力，Scrum 主管能够帮助人们理解为什么应该支持 Scrum，回答每个人心中"这对我有什么好处"的问题。通过回答这个问题，并且帮助人们理解敏捷和 Scrum 的价值观，Scrum 主管注定会传播敏捷并得到支持，这就和"驱动"过程非常接近了。

4.3 如何提问

在我小时候（互联网兴起之前），我家至少有两套百科全书、多本字典，以及其他很多参考书。

如果我向父母提问通过查找资料就能解决的问题，他们会反问我："你查过资料了吗？"

我很快就明白了，应该靠自己的努力而不是**懒惰**来获得答案。如果要提的问题可能已经存在相关资料，或者已经是常识了，就在提问之前多下点功夫吧。

没多久，我问父母的问题就变成了："我在 Funk and Wagnall 百科全书上查阅了有关'箭毒'的内容，知道了南美洲的某种树蛙分泌这种化学物质作为防御的机制。这些树蛙体色鲜艳，以此警告捕食者远离它们，不过我还是不太理解箭毒的原理，你们能帮帮我吗？"

父母如果知道答案，会很乐意回答我的问题，因为他们知道我不是出于懒惰而提问，而是确实需要指导和额外的信息。如果他们也不知道答案，就会带我去图书馆查找更多资料，并且会和我一同查找。

我也可能会问："我希望从百科全书中查找某方面的内容，但不知道从何下手。你们能不能给我一个提示？然后我自己阅读就行。"在这种情况下，他们也非常乐意为我提供线索。

如今有了谷歌、必应、维基百科，以及不计其数的其他资源，只需动动手指，片刻之间即可获得这些服务。然而，还是经常有人问我那种明明花 3 秒钟搜索一下就能解决的问题，或者是在某个网站上花 10 到 15 秒研究一下就能解决的问题。

如果某些事情的网上资料不够明确，那么我很乐意回答相关问题。假如你希望成为一名 CSP，那么最好首先浏览 Scrum 联盟的网站（见图 4-3），不是吗？这是该认证的组织方。按理来说，最新和最重要的信息应该就在网站的某一处（也许在就"Certifications"一栏下面）。

图 4-3　Scrum 联盟网站上介绍的认证体系

在我的 CSM 和 CSPO 课程中，我会花大约 30 分钟来介绍完整的 Scrum 联盟认证体系，以便让人们知道去哪里寻找更多信息和指导。我希望人们问的是这样的问题："我已经读过了全部要求，下载了应用程序，填写了资料……已经有了所需的经验和 SEU，但我想在提交之前听听你的想法和建议。你可以花几分钟帮我看看吗？"

当然没问题！

帮助已经尽力的人，我乐意之至。

让我无奈的事情是，有人刚刚参加过我的 CSM 课程，就来问我："CST 的要求是什么？我想成为一名培训师。"首先，课堂上简单介绍过这一点了；其次，既然你明白 CST 是一项 Scrum 联盟认证，为什么不自己搜索一下呢？

实话说，并非我不够厚道。

可以说，我这是在用"宫城方法"①进行指导和培训。如果你希望成为一名 CEC、CST 或者 CTC，在敏捷的职业级别中担当领导或指导的角色，那么首先需要学习如何领导或指导自己。如果做不到独立思考并解决问题，如何帮助别人呢？

总之，如果有人问我一件我认为非常显而易见的事情，我可能会说："Daniel 先生，搜索一下'CSP'吧。"或者说："Daniel 先生，在 Scrum 联盟网站上搜索一下 CST 吧。"这不是粗鲁或者不敬，而是出于关爱，希望帮助一个人独立成长。如果我不这样做，那么一旦我不在身边，也没有人为他们提供答案的话，他们就不知所措了……

4.4 质量保证团队应该属于内部还是外部

---

① 宫城是电影《龙威小子》中的空手道师傅。——译者注

许多人好奇，既然 Scrum 中的相应角色叫作"开发团队"，那么质量保证团队归于何处？要得到这个问题的答案，首先需要考察几个因素。

首先，把团队在产品开发中担当的角色冠以"开发团队"的头衔并不合理。事实上，开发团队包含了用于迭代式和增量式地构建产品所需的全部技能。Scrum 强调，每次冲刺**必须**产出一个可发布的产品增量，代表向顾客交付的价值，即在产品生命周期内尽早且持续地交付价值。为了让开发团队符合这个要求，每个团队必须拥有包括分析、设计、编码、测试、部署、营销、文档编写、支持在内的**全部**技能。

如果某个产品涉及数据库，那么 Scrum 要求开发团队中的某个成员**必须**拥有数据库相关知识和技能。如果产品增量中包含图形化用户界面，那么 Scrum 要求开发团队中的某个成员必须懂设计，某个成员**必须**能够进行用户验收测试（user acceptance testing，UAT），等等。

为了能在每次冲刺中获得"可发布"的特性，开发团队必须满足 Scrum 团队针对该产品设立的"完成的定义"，以此表明这项特性经过了充分的开发和测试，已经准备妥当了。Scrum 没有提及拥有"质量保证"头衔的人属于企业的哪个部门，但要求确保每次冲刺中生产的增量的质量。

企业仍然可以保留开发人员、测试人员、质量保证人员、业务分析人员、文档专员等传统角色，作为开发团队的成员，最终负责确保每次冲刺的产品增量满足"完成的定义"，达到发布标准。

Scrum 中没有明确提及开发中的某些问题，但这不代表它们不存在。如果目标是每次冲刺获得一个可发布的产品增量，整个产品就需要在每次冲刺中进行完整的回归测试。在每次冲刺中人工进行该操作是不切实际的，因为代码库会在产品生命周期内持续增长，直到回归测试需要的时间超过冲刺长度。

因此，开发团队注定需要将测试工作自动化。Scrum 虽然没有明确要求这一点，但只要仔细想想就会发现别无他法。换言之，让人们只负责编写代码，只负责测试，或者只负责手动测试之类的做法基本上已经行不通了。为了让企业在产品开发上更有竞争力，同时让员工们的技能更有竞争力也更有市场，除了需要跨职能团队之外，也越来越需要跨职能的个人。

我曾经指导过的一些公司最终决定不再采用严格的头衔，也不再划分角色，而改为雇用"工程师"，而不是"软件开发人员"或"质量保证人员"，等等。更重要的是，开发团队成员应该在产品开发工作中具有一种企业家精神。例如接下来要执行某项测试任务，而我有时间，那么无论我的背景是编写代码、数据库管理员还是别的什么，就都不重要了。如果我能做这项任务，我就应该去做，因为这项任务此时此刻对我所在的团队来说最为重要。我不会说："我是开发人员，测试不是我的工作。"这种态度非常差劲，完全谈不上企业家精神。编写代码是所有人的工作，测试是所有人的工作，编写文档是所有人的工作，向顾客交付价值也是所有人的工作。这不仅是 Scrum 的核心概念，也是敏捷的核心概念。

如果企业专门设有负责质量保证的职位，可能也没问题，但这些人**必须**是他们所测试产品的 Scrum 团队的专有成员。如果同时服务于多个团队，他们在切换任务时就会遇到优先级冲突和绩效方面的重重问题了。

4.5　Scrum 主管最重要的技能是什么

Scrum 主管这个角色既简单，又复杂。这听起来像是胡言乱语，且容我细细道来。

Scrum 没有规定 Scrum 主管在冲刺期间应该做什么，这就是 Scrum 是一个轻量级框架，而不是一个方法论的重要原因。Scrum 描述了 3 个角色之间的关系，也提到了 Scrum 主管参与的一些活动：促进、指导、清除障碍、调解、建议、教导，等等。

Michael James 写了一篇非常棒的指导原则（"An Example Checklist For ScrumMasters"），其中列举了许多活动，建议 Scrum 主管通过这些活动来让 Scrum 团队成为一个高绩效单元。在某些情况下，Scrum 主管可能在技术层面指导开发团队，或者指导产品负责人编写用户故事。由于需要担当众多角色，高效能 Scrum 主管需要拥有多样的技能和个性。

Scrum 主管是终身学习者。我在 Scrum 主管的课程中谈到第一件事情就是，这门课程只是他们 Scrum 主管的**起点**。事实上，我在课堂上提到的很多内容涉及外部资源，学生应该查阅这些资源，以拓宽或加深他们对 Scrum 主管的理解。我会从中选择一到两个概念作为课堂示例。对于任何一种技能或者资源来说，在为期两天的 CSM 课堂上通常是没有足够的时间展开讨论的。

良好的 Scrum 主管会发掘各种可能性和机遇，而优秀的 Scrum 主管会寻求传统做法，但不会把自己束缚于传统做法。如果存在一些还没有尝试过的做法，可能作为解决方案，那么 Scrum 主管会出于学习和尝试的目的来进行相应实验。只有重复犯下同样的错误，而又不肯尝试新方法，才算是失败。拒绝尝试新事物的原因可能是害怕打破常规，或者更糟的是，企业文化和环境倾向于对非常做法施以惩罚，从而导致重复失败。

优秀的 Scrum 主管能够影响他人，但不一定拥有真正的权力或权威，至少不是 Scrum 主管这个角色给予的。高效能 Scrum 主管理解人际动力学，也擅长与人打交道，但不是通过肤浅或是操纵性的方式，而是通过一种出于真正关心的、有意义的方式。他们同样理解政治，也理解如何达成互利的解决方案。奥托·冯·俾斯麦曾经说过："政治是可能性的艺术。"若想在企业政治上获得成功，就必须能够有效地与他人达成解决方案，显然，Scrum 主管必须做到这一点。

Scrum 主管虽然不必掌握技术，但拥有技术背景会非常有帮助。拥有技术背景的 Scrum 主管除了能在一般实践上提供指导，也可以在敏捷的工程实践上指导团队。遇到障碍时，技术型 Scrum 主管不需要描述问题的人多费口舌，也更不容易对清除障碍的方法产生误解。拥有技术背景的 Scrum 主管还可以通过指导和辅导，帮助职级较低的人跟上节奏。

模范的 Scrum 主管具有服务型人格——热衷于为团队服务，确保团队拥有达到成功所需的一切。他们为团队清除障碍，激励团队，并且不会采用有害的命令-控制式策略。他们每天早上醒来都要问自己："今天怎样才能帮助团队变得更成功？"这么做不是为了荣耀或地位，而是因为乐于助人。

Scrum 主管是"情境领导"的践行者。基于所处情况和 Scrum 团队的能力水平，Scrum 主管会采用不同的方法提供指导。如果开发团队在某次冲刺中过度承诺，Scrum 主管不一定要出面纠正，可能会等到冲刺结束时让开发团队自己意识到错误，让他们自己采取行动来避免今后过度承诺。如果他们还是过度承诺，Scrum 主管可能会采用苏格拉底式方法，给予更多指导。如果团队仍然过度承诺，Scrum 主管就会采取更直接的方法，彻底解决过度承诺的问题。

最后，Scrum 主管获得成功的关键因素主要在于性格和个性。不喜欢与人交谈，很难成为 Scrum 主管，因为 Scrum 主管的角色在很大程度上就是与人打交道。他们必须非常耐心、恭谦、信任他人、不带偏见，同时具备其他许多特质。

4.6 Scrum 团队和看板团队如何有效合作

Scrum 只是我作为敏捷教练所使用的工具之一。有人批评 CSC 和 CST 社区都是 Scrum 狂热分子，因为我们倾向于教授 Scrum 认证课程，并且在课程中只提及 Scrum。拜托，在 Scrum 认证课程中，不教 Scrum 教什么？

这种看法反映了对培训师和教练角色的理解不足。人们对 CSC 的含义存在严重误解，导致这门课程的历史通过率只有 15%～18%。我们选用和实践的内容，以及针对 CSC 申请人的成长目标，都是远不限于 Scrum 的各种支持规范中的实践和基础。

Scrum 是一种多功能工具，而不局限于特定用途。Scrum 实践在大多数情况下会获得良好的结果，但有时也需要利用其他工具。因此，我会适时推荐看板方法作为另一套实践方案。

对我来说，使用 Scrum 来管理个人事务可能意义不大，所以我会使用个人看板（personal Kanban）来跟踪各个流水线、课堂、课程优化、教练工作、旅行、社区活动，等等。我的妻子使用看板方法来帮助孩子们组织家务活、家庭学习主题、音乐课、游泳活动，等等。

对于采用了敏捷实践（例如 Scrum）的企业，我经常推荐使用看板方法来避免由于将劣质代码部署到生产中导致支持工单崩溃。这种情况有时是工程师缺乏严谨和纪律导致的，但更常见的原因是业务方催促加快进度。这种视野狭隘的方法没有考虑到的问题是，越晚修复缺陷（最坏的情况就是在生产中），修复成本也就越高，并且成本会呈指数级增长。

因此，即使是谋求改善、善于反思的企业，也会存在具有严重问题的遗留系统。与其让这些问题在冲刺期间给 Scrum 开发团队带来中断和困扰，指派团队专门负责处理这些问题往往更好，让他们遵循更为"中断驱动"和"流驱动"的实践，例如看板方法。

使用看板方法，支持团队可以将支持请求收集到输入队列中，以"先进先出"（first in, first out，FIFO）的方式（或者其他优先级排序方法）处理，遵循工作流中的"进行中工作"数量上限，除非出现了符合快速队列标准的超高优先级项目。这样的项目可以无视工作流状态中的"进行中工作"数量上限，团队会集中处理，完成之后再继续遵循"进行中工作"数量上限，正常处理工作。

在支持团队处理这种"故障工单"时，其他团队可以更高效地制定计划，考虑更长远的产品愿景，而不只是做这种有时无法预测的、混乱的"修修补补"工作。

一些人认为也可以把看板方法用于新产品开发，我同意这种观点，但需要警惕的是，由于产品愿景和长期规划的缺失，最终产品在完整架构上可能凝聚力不足。倒不是说使用看板方法时不能制定长期计划或建立愿景，但这些实践不是看板方法的固有部分。看板方法本身更多是反应式的，适用于高度不确定、易变的工作流。

在某种程度上，降低这种风险的一种方法是，在采用"对所有人开放"的输入队列的同时，增加一个标记为"准备就绪"的工作流状态，让团队从该状态中拉取项目并处理。这就需要某种类似于 Scrum 中产品负责人的角色，遵循传统 Scrum 产品待办列表那一套按照业务价值排序的方法，对输入队列中的项目进行精化，移至"准备就绪"状态。

在美国财政部工作期间，我们采用了这个方法并大获成功。我们还加入了其他 Scrum 实践，例如每日 Scrum 站会，会上讨论自上一次站会以来的工作进度，下一次站会之前的工作目标，以及是否存在任何障碍。产品负责人会添加特性并按照优先级排序，此外，还有每两周完成一次的产品反馈循环（冲刺评审会议）和团队反馈循环（冲刺回顾会议）。

我们还采用了**可发布产品增量**这个概念，增量会随着特性数量的增加而增加，只要下达决策便能立即部署。也就是说，不需要等到冲刺结束才能获得最新的特性，因为这些特性已经通过持续部署添加到可发布产品增量中了。在持续部署中，会创建特性（通常采用测试驱动开发，或者是我们所采用的验收测试驱动开发），然后通过脚本完成自动集成，再通过脚本自动完成集成测试。由于自动化测试是由验收测试驱动的，因此开发工作也是由验收测试驱动的，对正式用户验收测试循环的需求就减小了，业务代表更多地评估产品可用性，而不是像之前那样，对已经测试过的东西进行重复验证。

和 Scrum 的不同之处在于，我们没有采用正式的冲刺目标。不过，"准备就绪"状态中的项目是排序好的，因此目标一致，而不是一些随机的、毫不相干的特性。

结果很棒，业务方也很满意。我最终离开了那份工作，因为他们已经不需要我的指导了。他们真正实现了自我管理和自组织，还有一些敏捷教练留下来为他们提供指导和帮助。

对于看板方法、Scrum 甚至极限编程，可以从中选择一些实践并结合使用，关键要有某种形式的反馈循环，确保借由各个团队在产品和技术上的卓越、人际关系上的成长以及总体掌握，持续关注顾客满意度。由于这些学习机制已经深入到了 Scrum 的各种实践中，因此很多人对 Scrum 青睐有加，但也不应忽略其他实践。

4.7 幸福是一种责任

又到了每年的这个时节。

感恩节、黑色星期五、网购星期一（Cyber Monday）、慈善星期二（Giving Tuesday）……

大多数企业的营销部门利用消费者的"错失恐惧症"（fear of missing out），火力全开。

圣诞季，人们纷纷涌向商店、商场和街头，而在很多商店里，圣诞节相关商品早在万圣节之前就已经上架。有趣的是，如果问起来，很多人为此抱怨，害怕面对汹涌的人群。

如今我和妻子主要在线上购物，除了电子设备之类的大物件，甚至也会订购一些不易保存的食物，按大幅折价每月配送。大多数情况下，我们真的不愿出门购物。

然而，面对来自社会的挑战，即使是我俩，也开始动身去商场、Costco 之类的地方，卷入了这场"战斗"……

这似乎也是一种下行螺旋。

早上出门购物时，我的心情不错，只是有点担心人会太多；等下午回到家，心情就已经糟糕透顶了。如果我仍然按照日程，试图用 10 小时完成 18 小时的活动，情况只会更糟。

我认为，这种焦虑正是在这段时间外出的人们心情不好的原因。他们担心自己能否完成待办清单上的所有事项，同时也清楚交通会比平时更拥堵，大家都顾着自己，等等，然后这一切就变成了自证式预言。

4.7.1　少即是多

今年，我试图践行"少即是多"的理念。

我的待办清单总是很长，但最近我试图像对待产品待办列表一样对待它，首先列出我想做的所有事情，然后从中选出两三个一定要完成的事项，相当于我的冲刺待办列表。

过去，我曾经错误地追求 Clark W. Griswold 关于"完成"的理念。俗话说，"完美是优秀的敌人"，所以对于待办事项，与其在每件事情上追求完美（这无论如何也实现不了），不如设立一定的验收标准或者"完成的定义"，找到相应的最小可行产品。

达到了相应标准之后，我会思考：已经不错了，下面该做别的事情了。

也许对大多数人来说，问题的答案就在长长的待办清单中，每次专注于做好其中几项，达到可接受的水平之后再去做下面的几项。

4.7.2　快乐起来

前一阵子，我读了一篇互联网上的那种陈词滥调，但至今仍觉得有一定道理和价值。大意如下。

"如果你的冰箱里有食物，你就比世界上 75%的人更幸运，因为他们没有食物或者干净的水……"，等等，最后以这句话收尾："如果你能够阅读这句话，你就比世界上的 30 亿人更幸运，因为他们不识字。"

我怀疑这些数字的准确性，也怀疑这些说法的来历，但核心思想还是成立的：对于我国大多数人来说，没有太多值得担心的事情。

这正是我们需要意识到的另一件事……

我们中的多数人不仅拥有住所、食物，而且这些资源还相当充沛。我们拥有多台电子设备和多辆汽车，我们的孩子也拥有多台电子设备，有体育和音乐活动可选，等等。

为什么我们会因为找不到距离商店 50 米以内的停车位而苦恼？

为什么我们会在开车时紧跟前车，不让别人并道？

我承认自己也经常这么做。我有个朋友，第一次见到他时我心想："好一个自负的家伙。"但多年过去，我对他的了解加深了。在凤凰城的 Scrum Gathering 大会上，他告诉了我他对自己的评价："我是一个好心肠的坏蛋。我真心实意地想把事做好，但最终总会搞砸。"

我感觉自己被说中了。我真的努力了，但最终就像是电影《乌龙兄弟》里的汤米试着拿下一笔订单一样……

最近，我试着停下脚步，活在当下，反思生活，为我的需求在此时此刻得到满足而心怀感激。这个方法很有效，我开始感觉更好了，周围的人也发现我更快乐了。

如果你已经拥有了所需要的一切（甚至更多），那么我认为你可以成为一个幸福、快乐、心怀感激的人。花点时间反思自己的生活，就会发现，没有太多真正值得担心的问题。（你正在阅读这句话，说明你识字，等等。）

我有个朋友给我讲过另一个朋友的故事，那个朋友在另一个国家，家里只有美国人均住所面积的一半，还住着父母和公婆。为了撑起这个家，两口子每天花 5 个小时通勤。尽管如此，这位朋友却依然能够笑对生活。

因此，我们应该调整心态，并且启发身边的人，有意识地关注事情积极的一面，做一个乐观的人！

我不相信什么"新世纪"哲学，那种"相信什么，什么就会发生"的论调。在特拉华州，我从来不会在信箱里发现 In-N-Out 汉堡店赠送的两个双层汉堡和一杯香草奶昔……

但我的确相信，如果关注消极的一面，看到的就是消极的东西；关注积极的一面，看到的就是积极的东西。因此，我们应该时常停下脚步，反思人生，表达感激，做一个更容易满足、更快乐的人。事实上，我发现这种做法很有感染力，如果我公开表示不为小事纠缠、积极看待事物，那么周围的人往往会有同样的转变。

总之，如果希望这个世界更友爱、更包容，那就自己成为一个更友爱、更包容、也更乐观的人吧。

祝愿平安。

又及：我乐于接受（并给予）拥抱！

此外，你可以放心地对我说："圣诞快乐！"[①]

4.8 开发团队成员能否成为高效能的 Scrum 主管

简短的回答是，每个人都能成为高效能 Scrum 主管。正如 4.5 节所述，没有什么角色能培养出高效能 Scrum 主管。更重要的是拥有软技能，乐于学习，愿意把团队放在首位，并且以促进者

---

① 在美国，一部分人认为"圣诞快乐！"（Merry Christmas）的说法不妥，应代之以"节日快乐！"（Happy Holidays），照顾有其他宗教信仰的人。——译者注

的角色增进互动。

对我来说，这个问题最重要的地方在于，一人能否同时担当两个角色，即在开发团队中担任 Scrum 主管。这其实是不可能的，有多个原因，其中主要与美国的政府系统有关。

首先讲一点经济学基础知识。经济学中的基本规律是资源有限而需求无限。对于软件产品开发来说，这就意味着顾客或者他们的代表（业务方）几乎希望得到一切，因为他们不知道自己到底需要什么。不过，由于很多 IT 人员自视甚高，因此很难成事。当然，这只是个玩笑（多多少少确实存在问题）。

最终，我们经常会陷入"业务方"和 IT 人员之间的停滞困境。（人们有时将非技术人员称为"业务方"，我不太认同这种称法。整个企业都是"业务方"，我们把它当作生意来经营，而不是当作爱好，需要弄清楚这一点。）很多争论没有意义，纯粹是为了争论而争论。只要系统中不止一方，这种情况就可能出现。

下面看看美国政府的组织结构。美国政府有 3 个独立且平等的机关，分别代表了对权力的独立且平等的分配：行政、立法、司法。这 3 个机关所对应的角色分别是总统、国会（众议院和参议院）、最高法院。不允许任何人同时在多个机关任职，否则就会产生利益冲突。这个系统如此设计，如果出现例外，系统可能就会崩塌，不再是独立、平等、平衡的了。

Scrum 团队也与之类似，因此 Scrum 主管不能同时身处开发团队，否则会产生利益冲突，导致系统崩塌。事实上，Scrum 主管同时身处开发团队所导致的利益冲突不止于此。

最明显的原因是，Scrum 主管是一个全职角色。Michael James 在他广受好评的"Scrum 主管检查清单"中指出，能够有效地在各项事务上指导一个 Scrum 团队的 Scrum 主管，无暇有效地指导其他团队。如果 Scrum 主管除了指导一个团队之外还有别的工作，他们就无法投入自己全部的工作时间来让这个 Scrum 团队高效运作了。

世界上所有职业体育团队中的顶级选手都不需要别人告诉他们比赛规则或者方式，然而所有职业体育团队中都有专职教练，因为选手无法在忙着比赛的同时指导自己，所以需要有身处比赛之外、不用对比赛直接负责的人来把握比赛的大局。

此外，人们刚开始学习一项体育运动时往往进步很快，例如在初学高尔夫时，12 岁到 14 岁时进步显著。然而，当他们已经打了 30 年，42 岁到 44 岁时的进步就不那么明显了，可能是非常细微的进步。

不应该担当双重角色的另一个原因是，这么做一定会让团队失望。如果一个 Scrum 主管兼开发团队成员需要清除障碍（他的主要角色是 Scrum 主管），他就无法专注于冲刺中的交付工作了，进而因为无法做出贡献、完成工作而让团队失望。然而，如果此人专注于自己的交付工作，不去清除障碍，就会因为没能清除障碍而让团队失望。无论如何，都会给团队造成损失。

因此，如果同时担当双重角色，开发团队成员就无法成为高效能 Scrum 主管。

4.9　团队如何从管理层获得真正的自主权

首先看看韦氏词典对"自主权"（autonomy）的定义：

(1) 自我管理的性质或状态，尤其是自我管理的权利；
(2) 自我指导的自由，尤其是道德独立性；
(3) 自我治理的国家。

一般说来，在管理层最初决定追求敏捷思维的时候，他们仍然控制着企业。也就是说，管理层首先必须认识到自己要让渡部分对团队的管理权或控制权，而团队会获得更多某种程度上的"自我指导的自由"。这种自由的性质和影响则需要进一步探索和定义。

自由是有代价的。

正如富兰克林·罗斯福在"Undelivered Address for Jefferson Day"（1945 年 4 月 13 日）中说的：

"……权力越大，责任越大。"

在管理层让渡权力，将权力移交团队的同时，也将相应的责任交给了团队。相比管理层，团队可以更好地对每日工作做出决策，因为团队更密切地参与工作。团队能看到更细粒度的细节，主要专注于执行中较细小、较紧急的方面，即执行的战术方面。

实际上，这也为管理层带来了自由。少了战术上的负担，管理层就可以更专注于战略层面的规划和执行了。对于 Scrum 团队中的产品负责人来说也是如此，产品负责人可以自由地讨论和描绘顾客的需求，而无须担心如何实现。

可以说，自主权不是由管理层赋予的，而来自管理层对控制权的放弃。通常的做法是更少地制定规定、下达命令，而更多地在愿景层面给予指导，并且相信团队言出必行，会履行承诺。

在 Scrum 指南的 2013 年版本中，开发团队做出的"承诺"被换成了"预测"一词。这导致在传达的意思不变的情况下，处于不利地位了，更难说服企业接受 Scrum 的价值观了。在指导团队时，我往往会向团队强调承诺的重要性，即使在整个冲刺中只承诺实现一个特性，因为信任为本。

信任就像银行账户。第一次遇见某人时，你会在信任账户中为他存入一定的初始储蓄。久而久之，随着这个人履行承诺，获得你的认可，信任账户的余额不断增加。如果他没能兑现承诺，余额就会减少，有时甚至会减少到零甚至负数，这种情况就无可挽回了。

许多企业在采取敏捷实践之前，管理层和团队之间的信任账户余额处在一个非常低的水平。若是如此，首先要做的就是既往不咎，将信任账户余额重置为正数，管理层承诺信任团队，团队也承诺信任管理层——除非有什么理由。

团队承诺在冲刺中交付某些东西并履行承诺，就可以构筑他们与管理层和业务方之间的信任。越信任彼此，管理层就越愿意放弃对团队的控制，让团队拥有更多自主权。

因此，"从管理层获得真正的自主权"的关键在于重建信任，修复可能的破裂关系。

还有一件事情需要注意，真正的信任和真正的自主权中都存在失败和选择的风险。换言之，如果你把某项任务托付给团队执行，其中却没有丝毫风险，那么这份信任实际上没有任何价值，或者说和团队本身没有任何关系，也没有任何自主权可言。如果只给他们一种选择，情况也是一样的，团队相当于被限制在了唯一的选项，而不是一个能够自由思考，根据实际情况做出选择并采取措施的团队。后者才是拥有自主权的团队。

最终，当管理层把具体执行交给团队，而专注于处理愿景和战略层面的问题时，管理才更高效。

4.10 从培训课程、大会或者研讨会中学到的哪些东西可以立即应用

参加 CSM、CSPO 之类的培训课程，或者敏捷相关的大会、研讨会时，你很可能会感到非常兴奋，精神高涨；然而很多人在回到办公室后一两个小时情绪就回落了。这就是为什么要在离开活动或课堂之前，就要开始思考你可以在企业中做的事情。

甚至在参加课程或者培训班或会议之前，就应该做好心理准备，进门前忘掉原有的看法。只有保持开放的心态，寻求各种可能性，才能从课堂中收获更多。对于演讲者、教练和培训师来说，最令人沮丧的事情莫过于听到学生说："理论很精彩，但现实是……"这种说法是自以为高人一等，基本上等同于说："我比你更有经验"，即使演讲者、教练和培训师已经有多年经验了。

这让我想起一个故事：禅宗大师和弟子喝茶，先给弟子倒了一杯，弟子喝了一口，大师又把杯子倒满，直到溢出来。弟子慌乱地说："杯子满了，盛不下更多茶了。"大师回道："如果你不把杯子清空，我就无法为你倒满。"

这就像是来参加课程的很多学生，他们提出的问题大都是为了把所学内容整合到原有实践中，而不是取而代之。敏捷需要巨大的范式转移，从推测、分析和猜想的世界回归到自然、科学和经验性的世界。

在学习敏捷实践的过程中，重要的是充分理解遵循该实践的原因、这样做的好处，以及实践背后的思维方式。这在很大程度上有助于你思考回到工作中后应该做什么。

在把所学内容付诸实践的过程中，下一步就是寻找作用大、成本低，并且能够立即开展的实践。

例如，从一般团队的角度来说，可以考虑用 15 分钟以内的每日 Scrum 站会来取代周例会；考虑创建一个产品待办列表，按价值由高到低的顺序列举特性或者要求；或者考虑每隔几周一起讨论团队的工作情况：什么做得好？什么做得不好？之后可以尝试什么？考虑让业务方和 IT 人员每隔几周一起讨论之后几周要开发的特性。

工程实践方面，考虑帮助开发团队实行测试驱动开发和结对编程，以提高代码质量；考虑使用自动化回归测试脚本，减少人工进行回归测试的时间；考虑定期进行同行评审；考虑讨论并实施持续集成。

除此之外，还有一件重要的事情——快速构建一个企业转型待办列表，这有助于找出可以在整个企业实施的各种优化和改进，以便追踪和展示进度。

企业在采用敏捷实践时，经常对事情的进展缺乏真正的理解。完全依赖指标来追踪进展效果不佳，因为人们很快就会努力让指标尽可能好看，而不是关心真正的改善。

相反，应该追踪那些提出的改进中哪些已经实现了、下一个事项的优先级，等等，这样有助于提高事情的可见度和可管理性。利用企业转型待办列表中体现的进度，不必采用复杂的指标，即可掌握事情的进展状况。

根据古德哈特定律，过于关注指标并将指标当作目标，会降低它们作为度量的有效性。例如利用发现的缺陷数量来计算质量保证分析师的奖金，那么发现的缺陷数量很可能会不断增加，因为员工清楚他们的奖金是根据这个指标计算出来的。无论有心还是无意，他们都会倾向于找到更多"缺陷"，以期获得更多奖金。

因此，试图对敏捷的实行状况进行量化，就违背了目标的本意。

4.11　UX/UI 人员在 Scrum 团队中的位置

放在往下数第 3 层，烧烤酱和芥末酱之间……

言归正传，要记住 Scrum 团队中有 3 个角色：Scrum 主管、产品负责人和开发团队。开发团队拥有生产产品所需的全部技能，所以和其他所需技能一样，任何 UX/UI 方面的工作都由开发团队完成。

开发团队同时拥有开发人员、质量保证人员、数据分析师、架构师、DevOps，以及用于在每次冲刺结束产出可发布产品增量（符合"完成的定义"的东西）的其他技能。

"完成的定义"涵盖的内容足以保证当前开发的特性在冲刺结束时尽可能轻松地投入生产。如果产品负责人说："看起来不错，发布吧"，那么话音未落，特性便已投入生产了。

在冲刺计划会议的第 2 阶段，开发团队讨论如何实现他们刚刚承诺的冲刺待办列表上的项目时，也会讨论相应的 UX/UI 设计。对于冲刺待办列表上的每个特性，他们都会讨论相应的架构调整、数据库调整，以及会涉及的其他很多元素和问题。

一种不良实践或不理想的做法（反面模式）就是"共享人力"。公司认为，为每个团队聘用掌握某些技能的人员会导致成本过高，于是将这些人员单独划入"共享人力"中。UX/UI 人员、DevOps、数据库管理员经常被划入其中。之所以说这是一种反面模式，有以下几点原因。

首先，开发团队的发展和成熟大致符合 Bruce W. Tuckman 于 1965 年提出的塔克曼模型（Tuckman Model）：组建期（forming）、激荡期（storming）、规范期（norming）、执行期（performing）。如果团队发生了某种动态变化，就会回到组建期，理论上永远无法成为高绩效团队。

因此，更好的实践是将所需技能整合到团队中。例如，在该技能的**主题专家**前来帮助团队时，让团队中感兴趣的成员向主题专家学习。这名"学徒"的熟练度会随着合作的进行而提高。此外，也可以通过外部指导、导师辅导、读书等途径来提高。久而久之，学徒会成为团队中的常驻专家，作为跨职能开发团队的一名成员，同时擅长原有技能和新习得的技能。

我经常听到一种说法：如果一个人拥有多项技能，就不再是某项技能的主题专家了。这种论调显然站不住脚。

鉴于所有医生都是医学博士，可以认为他们都接受过水平相当的基础培训。其中有些人决定继续学习，专攻某个医学领域，例如上呼吸道、心血管、神经学，但也有一些人专攻多个领域。有的医生既是优秀的心脏手术师，也"专攻"呼吸内科。专攻并不意味着互斥。

同理，开发人员也可以是技艺高超的数据库管理员。事实上，这些技能之间的相关性很强，不像石匠或木匠成为小提琴演奏家那么难。

此外，现在有些 10 岁左右的小孩都能开发 iPhone 应用，或者利用《魔兽世界》来制作游戏了，等等。过不了几年，市场上就会流行这一代人的编码风格了。总的来说，就业市场上的竞争正变得越来越激烈，人们必须想方设法让自己出众，用不同的方式证明自身价值。如果不扩充知识、不提高能力，无异于自断前程。

共享技能之所以有害的另一个原因是，对技能有需求的团队有时可能比有空的主题专家更多。如果主题专家同时服务于不止一个团队，情况就会变得格外复杂和令人无奈了，因为这就需要他们周旋于各派力量的期望和要求，而难以专注于提高技能并把工作做好。

不过，为 UX/UI 人员组建一个实践社群，供人们交流想法甚至制定标准，这种做法是有意义的。这样一来，企业开发的各个应用就能保持一致性了。

总之，对这个问题的回答类似于轮胎店里的轮胎，分为"良好""更好"和"最佳" 3 种，分别代表不同质量和性能。"良好"的实践是让全职主题专家针对某一领域为团队提供帮助，并且让每个主题专家固定负责一些团队，以便与团队建立融洽的关系；"更好"的实践是让主题专家在一次完整冲刺期间扮演团队中的一员，并且帮助培训和辅导团队中的其他成员，让其更好地掌握这项技能；"最佳"实践是让团队中的某个专职成员拥有必需的技能，无论他是全职主题专家，还是可以为团队提供其他技能的跨职能成员。

4.12 Scrum 中为什么有这么多会议

我经常听到这个问题，提问的人通常是想说 Scrum 中的会议太多了。我常常反问他们，什么是"太多""那么多"？他们一般会说，在举行会议上花费太多时间了。于是我让他们进一步解释所言何意。

此时提问的人就开始有点发慌了，因为他们意识到自己的夸大其词被当场揭穿了。

Scrum 规定了一系列会议（见图 4-4），其中每种会议都有特定目的。缺一不可，否则有损系统，导致结果与 Scrum 创始人的构想相背。

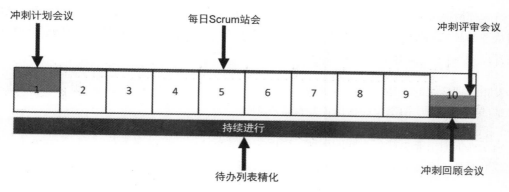

图 4-4　Scrum 中的各种会议

此外，除了每日 Scrum 站会，所有会议的时长都应该与冲刺长度成正比。Scrum 甚至针对每种会议提供了时长计算指导公式。

我发现，引起人们担忧的通常是会议的总时长，而不是会议的次数。然而，出现这种情况一定是因为会议时长远超 Scrum 的指导时长。

下面简单介绍 Scrum 相关的各种会议，了解其中哪些会议是 Scrum 明确规定的、它们的必要性，以及每种会议的推荐时长。

4.12.1　发布计划会议

严格说来，发布计划会议不属于 Scrum 指南（2013 版）提倡的事件，也不是必需的。相反，产品负责人可以和开发团队分别计划每次冲刺，当价值足以交付时，就可以考虑发布现有的可发布产品增量。

此外，如果 Scrum 团队希望**每次**冲刺都发布成果，有冲刺计划会议就足矣了。

当然，产品负责人也可能明确希望发布一个最小可行产品，其中包含特定数量的产品待办列表项，并且这些产品待办列表项在一次冲刺甚至数次冲刺中无法完成。

若想推算**可能**发布日期，举行发布计划会议是一个好主意。不过，团队显然不需要计划之后的所有冲刺，只需要了解大概的冲刺数量即可。

团队会用发布的总规模除以速度，得到发布所需的大概冲刺数量。如果速度是未知的，就需通览待办列表上的项目，看看一次冲刺中大概能完成多少项，然后将该数值用作速度。

另一种情况可能是采用了固定的发布日期，而 Scrum 团队希望了解大概的发布范围。这就需要用从开始日期到发布日期之间的冲刺数量乘以速度（或者使用团队预估一次冲刺能完成的数量），得到期间大概能够交付的范围大小。

发布计划会议的参加者应该至少包含整个 Scrum 团队。一些关键的利益相关者可能也会出席，帮助解释说明，但会议应该由产品负责人主导。

由于人们对发布可能有不同的理解，因此关于发布计划会议没有推荐时长。Scrum 主管会反思会议的时长、会议是否达到了目的，以及是否需要进一步建导。

4.12.2　冲刺计划会议

这是冲刺中要做的第一件事，涉及整个 Scrum 团队，历时约两小时/一周的冲刺。也就是说，如果冲刺长度是 3 周，会议时长就在 6 小时以内。会议分为两部分："做什么"和"怎么做"。

在会议的"做什么"阶段，产品负责人会向开发团队展示产品待办列表。双方可能已经讨论过其中的各个项目和验收标准，也已经花时间估算了可能纳入冲刺的项目。如果没有，这些就是冲刺计划会议中首先要做的事情。

开发团队从产品待办列表的第一个项目开始，判断该项目能否纳入本次冲刺。如果可以，就接着看下一个项目，以此类推。在决定是否纳入本次冲刺时，他们会考虑冲刺期间的员工带薪休假、节假日，以及其他可能影响产能的因素。

一旦达到"饱和"，冲刺中无法纳入更多工作，产品负责人会确认开发团队为冲刺待办列表选择的项目，然后和开发团队一起确定一个冲刺目标，冲刺目标中包含了他们希望在冲刺中完成的内容（纳入冲刺待办列表的产品待办列表项）。

冲刺计划会议的这一阶段完成之后，产品负责人的工作也就基本完成了。不过，产品负责人也不应该就此消失，而应留在附近，帮开发团队解释说明，提供必要的帮助。我通常建议产品负责人留在会议室里，找一个靠边的位置，埋头做些更新产品待办列表之类的工作。

在冲刺计划会议的"怎么做"阶段，开发团队会考察他们刚刚承诺的项目。（没错，我在这件事上不认同 Scrum 指南，我坚持认为团队应该将其视为承诺，而不只是"预测"。）在此过程中，他们会讨论为了在冲刺结束时交付可发布的特性，需要在架构、UI/UX 设计、数据库、自动化测试脚本等方面做何调整。

开发团队可能会选择将特性拆解为任务，但 Scrum 没有这样要求。许多团队认为采用任务很有帮助，也有很多团队认为这样做管理成本太高；选择采用任务的一些团队使用小时数估算任务，另一些团队则认为这种做法成本太高了；有些团队按照"完成的定义"中的标准拆解任务。由于 Scrum 没有针对这些实践做任何规定，因此开发团队可以非常灵活地选择适合需求和团队动态的方法。

一旦团队弄清楚冲刺待办列表中各个特性的实现方法，冲刺计划会议也就完成了。

4.12.3　每日 Scrum 站会

每日 Scrum 站会旨在让开发团队能够每天回顾冲刺目标的完成进度。传统上，Scrum 通过规定"3 个问题"的形式和 15 分钟时间盒，确保会议简洁。这对于刚接触 Scrum 的团队来说是很好的起点，对于较成熟的团队来说也是推荐的做法。

然而，我经常强调开发团队应该切实地反思进度，而不是走过场，不经任何思考或讨论。"3 个问题"的形式只是在告知情况，而没有进行讨论。根据我的经验，更好的做法是以更灵活的形式传递同样的信息。记住，我们的目的不是一成不变地遵循 Scrum（或者任何过程），而是通过观察反馈循环来深入了解工作进展。

顾名思义，每日 Scrum 站会应该**每天**举行，对于刚接触 Scrum 的团队来说更应如此。随着时间的推移，在 Scrum 团队发展出更健康、更规律、更连续的沟通模式之后，也可以省去正式的每日 Scrum 站会。如果开发团队的成员都位于同一个工位区，或者在一个专用的团队房间里，成员之间的沟通是高度渗透式的，那么信息基本上会在一天之内通达，而不是从一天一次的正式反馈循环中收集。

此外，如果开发团队使用电子工具来追踪产品待办列表、冲刺待办列表、冲刺燃尽图等，并且勤勉而规律地进行更新，这个工具就可以在冲刺期间即时反映产品增量的真实状态，而不是只能依赖在每日 Scrum 站会上每天更新一次的快照了。

不过，还是建议开发团队保持举行每日 Scrum 站会的做法，以免脱离 Scrum 及其可靠的经验性机制。

4.12.4　冲刺评审会议

随着实现冲刺待办列表中的项目，开发团队会在每次冲刺结束时获得一个可发布产品增量。此时，Scrum 团队应该和其他关键利益相关者会面，反思冲刺目标，检查冲刺待办列表项的完成情况、没有完成的原因，最后检查可发布产品增量，即产品 demo。当然，冲刺评审会议中绝对不是只有产品 demo。

这里有两个要点：(1) 这是产品负责人对可发布产品增量进行验收的正式 Scrum 会议；(2) 这是利益相关者了解产品开发情况并针对可发布产品增量提供反馈的正式场合。另外，还有两个要点：(1) 这不应该是产品负责人第一次见到已完成特性；(2) 这不应该是唯一一次向利益相关者征求关于特性的意见，以及询问产品是否符合他们的预期。

在冲刺期间，如果开发团队认为某个特性已经符合"完成的定义"，就应该联系产品负责人，抽空一起检查功能，确保特性符合预期，从而更早确认是否处于正轨，尽量避免最后时刻才发现特性不达标而造成不快。如果特性需要小幅调整，团队可以抽时间调整，直到真正完成；如果"小幅调整"还不够，产品负责人就需要添加新的产品待办列表项了。一旦开始举行冲刺评审会议，任何修改都为时已晚，并且存在项目通不过验收的风险。没通过验收的项目会重新放回产品待办列表，以便在未来的冲刺中继续打磨。

产品负责人应该定期与利益相关者会面，讨论产品开发工作的进展，并征求关于新特性的想法。

冲刺评审会议的长度为一周的冲刺约一小时。因此，如果冲刺长度为两周，则冲刺评审会议在两小时以内。

4.12.5　冲刺回顾会议

遵循 Scrum 实践最重要的获益和特点，除了改进产品本身，还会改进 Scrum 团队的工作方式。在冲刺期间，Scrum 团队可能已经调整了团队的运作方式。

不过，抽出时间来正式确认已经发生的变化，并且更新工作协议、"完成的定义"等有用的准则，可以确保这些准则不会沦为一潭死水。此外，也许开发团队过于关注可交付产品，无暇改善工作方式，冲刺回顾会议提供了一个机会来反思这些事情，真正专注于改进。

有两个非常棒的参考材料有助于你理解冲刺回顾会议，分别是：诺曼·L.克尔斯的《项目回顾：项目组评议手册》和埃斯特·德比和戴安娜·拉森的《敏捷回顾：团队从优秀到卓越之道》，两本书都强调了一个重点：维持一个积极的、建设性的空间，并且提供一个看法认同和终止认同的场合（在每次冲刺结束时）。

冲刺回顾会议不应该变成一场"抱怨大会"，让整个团队抱怨一切是多么糟糕，或者像暴民一样公开攻击某个人或某件事。事实上，和刑事司法中的"破窗理论"相似，对话一旦朝消极方向发展，就很难重新集中于积极的、建设性的目标了。

冲刺计划会议的时长应该是一周的冲刺约一小时，并且是冲刺期间举行的最后一场会议。整个 Scrum 团队都会参与，从而让全体成员认识到改进，并且在业务方、IT 人员和教练（产品负责人、开发团队和 Scrum 主管）之间形成更深层的关系。

4.12.6　产品待办列表精化

Scrum 指南将产品待办列表精化视为讨论产品待办列表的一部分，而不是一个会议或者活动。Agile Atlas 项目的"Core Scrum"文档曾将待办列表精化列为 Scrum 的正式活动。这种流程上的微妙差别算是一桩有趣的逸事，但仅此而已。

从现实世界敏捷（实际应用）的角度来看，重点在于产品待办列表在不断地改变。产品负责人担有几项主要的职责，例如直接与顾客沟通，确定有价值的需求；确保产品对顾客和企业的总体价值；按照价值对产品待办列表项进行排序，以确定之后的开发顺序，等等。

在产品生命周期中，产品负责人会持续对产品待办列表项进行增删、重新排序、确定验收标准、让开发团队估算，甚至拆分。Scrum 中没有规定用于执行上述操作的会议。

我指导过的一些企业认为每周举行一次一小时以内的可选会议是有帮助的，供产品负责人展示自上一次会议以来新增的项目。如果没有新增项目，就不用举行了。这是 Scrum 的一种实际应用，不属于 Scrum 的正式实践。

4.12.7 总结

无论冲刺有多长，平均每周用于开会的时间是相同的，即会议时长和冲刺长度成正比（见表 4-1）。

表 4-1　会议时长与冲刺长度的关系

会议	准则	冲刺长度（周数）			
		1	2	3	4
冲刺计划会议	2 小时/周	2	4	6	8
每日 Scrum 站会	15 分钟/天	1.25	2.5	3.75	5
冲刺评审会议	1 小时/周	1	2	3	4
冲刺回顾会议	1 小时/周	1	2	3	4
	会议时长	5.25	10.5	15.75	21
	总时长	40	80	120	160
	%	13%	13%	13%	13%

因此，别再抱怨"这些会议占用了太多时间"。比起职业生涯中参加过的其他会议来说，这些会议用时更少，却更有成效、更有意义。

4.13　让人们接受自我管理的最有效方法是什么

这是个尴尬的问题。

我尽可能保证这个问题的匿名性，所以提问者是谁并不重要。也许只是用词上的不慎，或者提问者的英语水平有限，甚至可能是一个玩笑或者讽刺。

无论如何，我需要指出这个问题的自相矛盾之处："……让人们接受自我管理？"让他们？哎哟。

首先应该后退一步，检视自己的行为和大体目标。如果目标是赋予人们自我管理的权力，就需要意识到这件事不可强求。我们需要满足某种条件，来让他们能够自我管理。

总的说来，敏捷的精神就是针对目标确立愿景，然后竭尽全力实现愿景。愿景代表对顾客和企业都有价值的事情。这让我想起我最喜欢的乔治·巴顿将军的一句名言：

> 不要告诉人们该怎么做，告诉他们该做什么，他们的聪明才智一定会让你惊喜。

虽然巴顿将军既不是敏捷的榜样，也不是自我管理的楷模，但他的许多名言富有智慧和实用性。上面这句话适用于敏捷的地方在于，通过帮助开发团队理解顾客和企业的需求，可以让他们更好地利用自己的专长并通过创新来找到交付解决方案的方法。因此，与其为开发团队规定好一切，或者为他们指定一种解决方案，不如帮助他们更有效地理解问题，然后让他们设计出最佳的解决方案。

在培训班上布置的很多练习中，我不会给予细致入微的指示，学生们需要自己做决定，自己弄清楚问题。当做过很长时间命令-控制式经理的我，看到学生们千辛万苦才弄清楚一件对我来说显而易见的事情，真是让我抓耳挠腮，尤其是课程刚开始的时候。然而，到了第一天的午餐时间，班上的学生就明白了我只是对他们提出了一个愿景，若想实现这个愿景，他们需要在练习中勇于尝试。当第二天的课程结束时，我基本可以确定他们回到工作中后会做得很好。不过，他们面对的往往是一种不欢迎自我管理的企业文化。

另一件会扼杀团队自我管理的欲望和能力的事情就是缺乏信任。这让我想起了那句俄罗斯谚语：

> "信任，但要核查。"

然而，考虑到信任是有意识地决定在没有证据的情况下相信别人，"信任，但要核查"就是一句彻底的废话。如果真的信任某人，就不需要任何证据；如果需要证据，就说明不是真的信任。因此，如果希望与团队建立真正的信任，就不能对什么事情都要求证据，例如广泛使用指标。

此外，这也是我认为团队需要对冲刺待办列表做出**承诺**的主要原因。只要不存在团队无法控制的外部依赖或者障碍，使得他们无法完成冲刺目标和冲刺待办列表中的项目，他们就需要兑现自己的承诺。与之相对，领导层和业务方需要信任开发团队能够兑现承诺，除非有什么理由。也就是说，如果团队在冲刺评审会议上没有交付任何成果，并且是由于他们工作不够努力等导致的，信任就会减少。

最后，让不参与开发工作的客观第三方来进行监督并提供建议和指导，也非常重要。这里指的当然是 Scrum 主管了。有些人会说："让 Scrum 主管来监督开发工作，这不还是在进行领导吗？"

嗯，这确实是领导，但不是管理。Scrum 主管应该是团队的一名教练。一名足球教练不会真的到场上去踢球，团队是在自我管理和自组织。教练是在和球队说："各位，这是我看到的……"因为每名球员都在忙着踢好自己的位置，无暇仔细观察场上的其他球员。

Scrum 主管深知每个人在做什么、存在什么障碍、从个人角度来看每个人的表现、如何激励成员，等等。他们的主要职责是保护团队、清除障碍、确保团队拥有所需的东西等，同时也扮演着团队导师的角色，帮助团队成长和成熟，直到团队可以在工作中做到出色的自我管理和自组织。然而，正如球队永远不会没有教练，无论开发团队的技术多么精湛，在他们不断追求卓越的过程中，一定不能没有 Scrum 主管的指导。

用富兰克林·罗斯福的话来说："真正意义上的自由不会从天而降，而需要通过努力去实现。"自我管理、自组织的文化不会因为管理层宣布"你们获得授权了！"而产生。相反，在管理层从战术和执行转移到战略层面时，信任便产生了。最初，之前给员工传递决策的部分会出现一定的空隙，但他们会意识到已经没有人再为他们规定各个小的步骤了，而要获取对自己工作的控制和自主权来填补这个空隙。

4.14　小结

企业若想运转良好，培养高绩效团队绝对是关键。团队如果已经具备成功的条件，企业也会具备。这就需要后退一步，为决策留出空隙，让团队能够获得信任，进入这个空隙并获得授权。

只有把要解决的问题的愿景和解决问题的自由都交给团队，才能实现创新。管理层经常会采用在企业内部制定规范和标准的方法，以期提高团队绩效，但通过统一化和从众性，永远无法获得创新性的产品，也不会让顾客满意。

第 5 章会通过真实的故事，学习不同人分享的实行敏捷的经验：有成功，有失败，也有教训。

第 5 章
真实的人和故事

常听人说敏捷有多么好，遵循 Scrum 实践能获得这样那样的好处。

然而敏捷之路并非一帆风顺。

若想实现转变并有所发现，就需要权衡取舍、做出牺牲、勤劳苦干、百折不挠……

在本章中，来自敏捷社区的多位人士分享了他们的敏捷之旅——他们的背景、发现敏捷的过程、遇到的挑战、获得的成功、汲取的教训、如今的情况——希望能给你以激励和启发。

好好享受吧！

5.1 我的敏捷之旅——Manny Gonzalez（Scrum 联盟首席执行官）

我 15 岁就进入了职场，那时我家刚搬到芝加哥，我需要设法为自己的娱乐活动赚些零用钱。

由此我偶然进入了服务行业，在伊利诺伊州邓迪镇一家名叫"The Anvil Club"的餐馆刷盘子。

幸运的是，负责厨房和清洗区的团队非常优秀，我凭借良好的表现很快被提升去刷锅了——听起来也许有点好笑，但这比刷盘子每小时多挣 0.25 美元，而且更早下班。

此后，我迅速成长为一名备菜工，然后是服务员——这份工作就有小费赚了！虽然我很喜欢这些同事，但我的很多朋友去了当地一家游乐园工作，我也就跟着去了。

不知不觉，步入主题公园行业这件事居然成就了我的人生。高中毕业后我遇到了一位导师，他非常关照我，带我学透了这门生意，尽管我当时其实并不感激这一点。

记得在我担任游乐设施经理时，有一天他过来告诉我，要把我调到仓库经理的岗位。啊？在那个行业，游乐设施经理可比仓库经理体面多了。我发了一通牢骚，但没能说动他，只好骂骂咧咧地去了仓库。

当时的我并不感谢他，直到一年之后被调到会计部门，我才意识到自己已经掌握了多少关于库存管理、销售成本之类的知识。这些知识让我成为了更优秀的经理。

他后来又把我调动到企业的各个岗位上，不断赋予我新的职责。没过多久，24 岁的我就已经成为了得克萨斯州休斯敦市一家水上公园的总经理，这家水上公园年收入超过 600 万美元，员工超过 700 人。这段经历既是一个祝福，也是一个诅咒。

之所以是祝福，是因为我不再只是团队的一名成员，而能领导这些团队了。这让我更好地理解了他们的需求，更不用提我在其中每个团队都工作过，从运营、财务、营销到餐饮团队——我既了解他们对管理层的看法，也熟悉他们的工作内容。我认为，就是这段经历让我有机会理解敏捷的原则，尽管我当时并没有意识到其存在。

仔细想想就会发现，主题公园除了敏捷，别无他法。园区占地 1 平方千米，拥有 4000 余名员工，每天接待两万多名游客。在这种极为复杂和动态的环境中，情况每分钟都在变化。

主题公园就像小城市，包含街道、交通、停车场、餐馆、商店、游乐设施、维护、安保等，环境非常复杂，传统的层级管理根本行不通。因此我们授权各个团队自主决策，从而为游客创造既安全又有趣的环境。

我认为，在我开始担当更复杂的领导角色时，我的优势不仅在于曾是这些团队中的一员，非常了解这些团队，而且在于我有很多优秀的导师，让我能"创造自己的环境"，即允许我犯错并从中学习。实话说，我犯过不少错误。

有趣的是，在学习"敏捷宣言"的原则时，我发现这些原则几乎是我过往成功的因素。

个体和互动高于流程和工具。主题公园行业永远以人为本。如果我们的雇员（我们称其为"团队成员"）不开心，他们就无法为游客提供开心的服务，所以我们致力于创建能让"团队成员"开心的环境。

可工作的软件高于详尽的文档。我们虽然不开发软件产品，但的确拥有产品：游乐设施、餐馆、商店、演出，等等。游客根本不在乎我们是否拥有演出制作方面的详尽文档，但如果没有演出可看，那就不太妙了……

客户合作高于合同谈判。在主题公园行业中，顾客就是我们的游客，合同就是他们入园时购买的门票。顾名思义，既然是"客"，就应该像接待家里的客人一样接待他们，倾听他们的需求和愿望，然后为他们提供更好的体验。

响应变化高于遵循计划。前面提到，主题公园行业中没有什么是不变的。如果有两万名游客在你的街道上行走，观看你的演出，乘坐你的游乐设施，在你的餐厅吃饭，在你的商店购物，那么最好保持敏捷，时刻准备好在情况改变时做出调整，因为情况一定会改变。

有趣的是，我越是了解敏捷和 Scrum，就越是惊讶于它们和我带领团队方法的完美契合。

这些原则让我在职业生涯中获得了巨大成功。35 岁时我便领导了公司的第一次国际化尝试，负责一个上亿美元的项目以及成立公司国际部的任务。

你可能会想，如果我的职业生涯一帆风顺，那么"诅咒"又从何说起？你看，年纪轻轻便功成名就，我开始痴迷于权力和金钱，欲壑难填，总想得到更大的权力、更高的位置以及更多的金钱。

这种执念把我变成了工作狂，每周工作 80 多个小时，生活全围绕工作转，以至于现在我已经不记得当初是怎么和妻子相识的，也不明白既然我总是在工作，我们哪儿来的孩子。妻子常拿这件事和我开玩笑："你确定是你的孩子吗？"

我那时痴迷于权力和金钱（我的工作），甚至没有参加女儿的洗礼。我跟妻子说，当时正忙着处理一个非常重要的工作问题。我在职业生涯中从未请过病假，有时会连续工作数月而不休息，这些都是我曾经引以为傲的事情，同时也成了一个"诅咒"。

但我一定是深得老天眷顾，因为我在墨西哥完成国际化任务时，我的妻子和两个女儿遭到了绑架勒索！你可能会想，为什么我说"深得老天眷顾"。你看，除非在生活中遇到戏剧性的变故，否则人是很难做出改变的。我想我需要这一记"当头棒喝"。

没错，当时的情况很糟糕。这是一起精心谋划的绑架，在我的孩子被送到学校时，来了 12 个手持 AK47 的蒙面人，开了 3 辆车包围了我的家人。所幸保镖们没有拔枪射击，否则我的家人可能就会卷入交火中了。

我的家人被带到了不明之处，这场噩梦持续了整整 16 天。

所幸我的家人没有受到身体伤害。经过漫长的谈判，我失去了长期积攒起来的、令我痴迷的财富，终于把家人换了回来！

我的生活急速转变，并且是在朝好的方向转变，尽管我最初没有意识到这一点。家人回来之后，我做的第一件事情就是确保每天晚上 7 点回家吃饭，哪怕这会让我的雇主有些不适，因为他们已经习惯了我一刻不停的工作方式。

很快我就发现自己遇到了麻烦。虽然在我那个级别通常不会被解雇，但我被解雇了！感觉就像天塌下来。我没有了积蓄，自己倾尽全力工作了 25 年的公司刚刚又解雇了我！既没钱，又没工作，还有妻子和两个孩子要养！

生活真会开玩笑，令人措手不及。就在我被解雇的同时，我的一个女儿被确诊患上一种叫作"肌强直性营养不良"的恶疾，真是祸不单行！

于是我开始了学习之旅……

❑ **同化年**：绑架发生后的第 1 年大概是最艰难的，你可能会问："为什么？"我无法理解为什么会发生这样的事情，并且开始怀疑人生。说实话，这也是最好的学习方式。我不断挖掘内心，阅读了市面上几乎所有探讨人生的图书，我妹妹也成了我的精神导师。

这是非常艰难的一年。我经历了极度的悲伤（抑郁）、开心、疯狂和怨恨。我发现我之前从来没有过怨恨，而怨恨只会摧毁你和你爱的人。

❑ **接受年**：第 2 年，经过深刻反省，我对人生的意义有了更好的理解，我开始想：嗯，过去的事情就让它过去吧。既然安然无恙，就应该继续生活。

虽然这一年比第 1 年好过一些，但我心中仍然有一些羁绊，蚕食着我的灵魂。

❑ **宽恕年**：第 3 年，我明白宽恕是更好的选择。宽恕令人自由。宽恕让我达到了一种新的境界。宽恕就是爱。宽恕可以让你和你周围的人都受益。

你可能会问："这和敏捷又有什么关系呢？"我想说的是，我从这些经验中得出的生活原则，正是敏捷所基于的原则。

我学到了人生不仅在于自己，人生不只是为了自己，我有责任让这个世界变得更好。我学到了如何成为更好的丈夫、更好的父亲、更好的领导，以及更好的人。

不难发现，敏捷和 Scrum 是为了创造供人们茁壮成长的环境。如果人们能够（按照敏捷和 Scrum 的原则）茁壮成长，那么公司和世界都会发展繁荣。若想实现这个结果，就必须明白人生不只是为了自己。

如今，我的生活有了 4 个支柱和 3 项原则。4 个支柱如下。

- ❑ **家人和朋友**：在生活中，我会努力考虑家人和朋友的想法、需求和愿望——我可以为他们做什么，以及如何维护与他们之间的关系。
- ❑ **职业**：工作是我生活中的一个重要支柱，我会设法创造价值，为世界带来积极的影响。
- ❑ **社区**：我坚信每个人都有责任参与并帮助社区。并不是说必须在本地救助站做一名志愿者，做一个好邻居、好市民，为社区增添价值就可以了。
- ❑ **健康和心灵**：我把它们放在一起，因为二者缺一不可。虽然我没有宗教信仰，但我尊重信仰自由，并且认为重要的是拥有充实的精神生活。身体和灵魂都需要花时间呵护。

这 4 个支柱是我"追求幸福"的关键，并且让我找到了生活和工作要遵循的 3 项原则。

- ❑ **关系**：我认为生活中的一切都在于关系。对我来说，关系不是你能为我做什么，而是我能为你做什么。在我认识你（关系开始）之前，我无法为你做任何事。建立关系需要时间，需要许多迭代和努力。
- ❑ **价值主张**：通过这些迭代，我们会逐渐弄清楚你的想法、需求、愿望和挑战，然后才能决定有没有对关系的"价值主张"。如果我们不能创造价值，关系就不会长久。
- ❑ **真诚**：真诚是关系和价值主张的前提条件，而我指的是更深层次的真诚。对我来说，真诚就是从镜子中看到真实的自己，而不是我们以为的自己（这一点很难做到）。真诚就是诚实、透明、胸无城府、存在弱点。真诚像一种黏合剂，能把其他东西结合在一起。多么不可思议！

有趣的是，一件坏事居然变成了莫大的好事。这件事本身仍然很糟糕，但即便我有一根可以改变过去的魔杖，我也不为所动。

这段经历让我学到了如何真正积极地影响世界，以及除了参与式、委派式、权威式、魅力式、根本式，甚至服务型领导之外的另一种领导风格——激励式。

5.2 我的敏捷之旅——Anu Smalley（敏捷教练和培训师）

我初次接触 Scrum 是因为我的经理对我说："IT 人员那边在捣鼓一个叫作 Scrum 的东西，你去把它搞明白。"在此之前，我一直是一名传统的 PMI 认证项目经理，那才是我的专长。我也没接受任何正式培训，就被任命为了业务团队的 Scrum 主管和产品负责人，与 IT 人员合作。我不得不通过大量阅读、讨论和试错来学习 Scrum 的应用方法。在此过程中，我发现自己正在颠覆之前组织、计划和管理工作的方式。

从最初 6 个月的 Scrum 经历中，我汲取的最大教训是需要专注和承诺。我切身体会到，一个人无法有效地同时担任 Scrum 主管和产品负责人。在那段时间里，我发现产品负责人的角色既适合我，又符合我希望专注于产品愿景、战略、路线图、发布计划等方面的想法，于是不再担任 Scrum 主管，成为了一名全职产品负责人。

身为产品负责人，我见证了惊人的一幕：我让业务方得到了他们真正需要的东西，而不是他们在几个月前以为自己需要的东西，并且我的团队成功完成了停滞了几乎两年之久的 3 个项目。

接着我受命在专业服务部门内部技术组中担任 Scrum 主管，管理他们对内和对外的所有项目。身为 Scrum 主管，关键是要放弃项目经理所必备的命令-控制式思维。与此同时，我也被要求在对外项目中担任面向 IT 人员的产品负责人。我从中学到的教训是，团队需要专职的 Scrum 主管和产品负责人，一个人无法在新团队中同时扮演好双重角色。在那段时间里，我疲于应对，左支右绌。

这种状况持续了大约 6 个月——传统的项目经理思维让我倾向于多任务处理：一旦熟悉了两个角色，就可以进行多任务处理，二者兼顾。然而我发现自己的多任务处理能力实际上在掩盖一个事实：我需要更多时间才能完成工作（假如真的能够完成的话）。

我从中汲取的教训是需要专注和承诺。在与管理层讨论后，他们同意我不再担任 Scrum 主管一职——因为我不是非常适合——而继续担任产品负责人。对产品负责人这个角色的专注也让我认识到，我更适合管理项目。

接下来的 3 年半中，我担任了专业服务部门技术团队的产品负责人。第 1 年，团队就成功地将 3 个已经停滞了 1 年左右的项目投入生产。在这 4 年中我学到了一些排列优先级的方法，帮助团队专注于交付更多业务价值。我还尝试采用不同的方式来创建并维护产品待办列表，创建故事地图，以及拆分故事，这些方法大都是我通过读书和观看 YouTube 视频学来的。其中一个方法是 Jeff Patton 的故事地图。在我的团队开始一个新项目（为专业服务部门的所有同事安装并配置 Microsoft Project Server）的时候，我就把它用上了。该方法帮助团队和利益相关者确定了项目所需要的所有事情，弄清楚了每次发布都会纳入哪些特性。它帮助我们在 4 个月之内交付了第 1 个发布，为美国的所有同事发布了软件。

我乐于担当产品负责人。除了授课之外，这是我最能胜任的工作了。

在下一份工作中，我担任了两个团队（反欺诈团队和安全团队）的产品负责人。在这个企业中，产品负责人的角色属于 IT 人员而不是业务方（与我的前一段经历相反）。

作为两个团队的产品负责人，我迅速掌握了谈判的要领，因为我需要和两个团队共事，才能完成对唯一的产品待办列表的排序，然后供团队精化。

为了让自己有能力针对产品待办列表做出决策，我开始学习产品，掌握了许多产品相关知识，从而让我的决策更符合业务方的需求。

我花时间与业务方构筑关系，推动开发团队和业务方之间的谈话与合作。

团队也因此变得更成功了，因为他们在构建产品增量时理解了业务方的需求。

Core Scrum 已经成为了我的整合哲学，用于实现工作和生活中的目标。回首过往，Scrum 为我提供了一种思考、做事和生活的方式。

5.3　我的敏捷之旅——Alan Deffenderfer（顾问）

我是在努力成为宗教研究教授的学习过程中，第一次接触敏捷的许多核心原则的。可能需要补充一点细节，但基本情况就是如此。我当时在克莱尔蒙特神学院和克莱尔蒙特研究生大学攻读硕士学位，并担任 Process & Faith 的副主任，该项目致力于探索和推广"过程神学"。按照 Process & Faith 网站的说法：

> "过程神学"没有自己的教义或信条，而是一种基础概念导向，它认为宇宙是有创造性、相互关联、动态，并且是向未来开放的。过程神学并不体现特定教派或信仰传统，作为一种看待现实的独特方法，它让人们深化自己的信念，达到和不同信念传统的相互尊重。过程神学的概念可以帮助人们以神学的方式思考和行动，正如教会成员和世界公民一样。

思考这个说法。

无论是古典有神论者还是无神论者，都可能对神学"向未来开放"这个概念感到惊讶，因为古典神学通常会不遗余力地证明神"知晓"未来（认为未来是确定的）。对我来说，"未来是开放的"这个概念是我人生中最自然的体验之一，但我也经常遇到各种试图控制不确定性的人，他们会精心制定计划来避免不确定性，或者提出复杂的思想体系来加以解释。在项目管理中，人们试图控制不确定性的劲头丝毫不输神学。在过程神学、敏捷方法论和佛学中，我看到了与自己体验相符的对未来和不确定性的开放性。在我看来，目前所做的决策会对未来产生真实而重要的影响。在接触敏捷方法论之前，我已经用这种方式思考神学将近 20 年了。

2007 年，我在一次开发者大会上第一次听到敏捷软件开发。想到自己曾经作为产品负责人经历过的一个失败的开发项目，我意识到敏捷或许可以让那个项目免于失败。在和演讲者 Jason Mundok 的交谈中我发现，他的投票站是当地的贵格教堂，正是我为我的世界宗教学生们布置佛教冥想练习的地方，这项练习是他们课堂作业的一部分，旨在体验其他宗教传统。几个月之后，我去了 Jason Mundok 工作的一家敏捷公司担任顾问。我发现，敏捷与我的生活方式和我对世界运行方式的理解不谋而合。我在此刻做出的决策虽然会受到各种约束和影响，但一定是我自己的决策。我在几十年前就放弃了命令-控制式的神学模型，那时又在项目管理上放弃了这种方式。我立刻发现了 Scrum 主管在服务型领导角色之下潜藏的力量，以及授权团队自己进行决策和承诺的智慧。

2013 年我开始在国防部工作。对于命令-控制式项目管理方法的执着，以及对不确定性的不安，世间无出其右。然而，在过去的 8 个月中，我参与了一个由曾在敏捷/Scrum 团队中工作过的人构成的小组，这个小组开始在 IT 部门中推行 Scrum。这一变化让传统的项目经理们非常不悦，但我们的结果非常有说服力。不久之前，我在信息发射源（information radiator）上张贴了我们的第一张燃尽图，现在几乎每天都有人来请我们帮忙安排并执行冲刺。我们有许多工作要做，也有许多遗留障碍要清除。由于无法说服高层管理人员和利益相关者接受我们在项目中拥有专职决策者，我们不得不采用产品负责人代理。不过，我们正在取得进展，希望能够随着不断的成功获得更多信任。

敏捷不只是一个框架或者方法论，而且是一种世界观和生活方式，这一直是它吸引我的地方。敏捷对于未来改变的开放性，非常适合那些愿意拥抱未来不确定性的人。

5.4 我的敏捷之旅——Jaya Shrivastava（敏捷培训师和教练）

我是 Jaya Shrivastava，一名来自印度的 IT 专家。截至 2015 年 7 月，我已经有 13 年的工作经验。在进入软件领域之前，我曾是一名研究科学家和讲师。

目前我就职于 Agile++ Engineering，这是一家敏捷软件开发咨询培训公司。我针对所有流行的敏捷方法论提供培训，包括 Scrum、看板方法、精益软件开发、极限编程实践等。我还提供测试驱动开发、契约驱动开发（contract-driven development，CDD）的培训，擅长软件开发中的重构和隐喻技术。

我也为企业提供咨询，通过驻场并参与企业的日常活动来帮助他们实现敏捷，客户群体涵盖个人、初创公司和跨国公司。

我初次接触敏捷是在 2007 年，当时我正在从事 SAP 高级商务应用编程（advanced business application programming，ABAP）的咨询和培训。当时 ABAP 是成就 SAP R3 系统的几个主要因素之一。

当时的应用程序逻辑通常是大块大块地编写，数据库逻辑则倾向于失控增长。最终，多个应用程序逻辑会很难管理，代码沦为一盘散沙只是时间问题。

我只好诉诸极限编程，希望能够解决这些问题，获得更良质的代码。明确的用户故事、计划、小规模发布，以及测试驱动开发都是能够在迭代中立即使用的东西。

由于周围人都没听说过极限编程，我决定自己边学边教。几个月内，我不仅在自己的代码中采用了极限编程，还开始开展极限编程培训。

极限编程为我开启了敏捷实践的大门，后来我又学习了 Scrum、看板方法、DSDM、TDD/BDD/CDD、LeSS 和 SAFe。

在此我尽可能如实描述自己的敏捷之旅和从中学到的经验，有意略去了人和企业的名字，专注于我的经历本身。实话说，我也不确定未经允许能否提到他们的名字。

2008 年（从雷曼兄弟开始的）经济危机迫使许多大型企业削减预算。在培训和咨询业不景气的情况下，我转向了小企业和初创公司，并且有幸获得了不少工作机会。

到目前为止，我的敏捷培训中大多数好的听众来自初创公司，他们活跃、投入，学习意愿强烈。

下面是我对他们的几点观察。

5.4.1 初创公司天生敏捷

初创公司之所以敏捷，是因为他们几乎没有任何官僚体系，能够迅速做出改变。上层做出决策，然后立刻得到执行。不得不说，初创公司是个体和互动的鲜活示例，这和大企业形成了鲜明对比，后者的决策循环要长得多。

对于几乎所有初创公司来说，培训时间超过一天是无法接受的。如果他们的员工在培训上花了一天多的时间，就会给工作造成巨大损失，所以初创公司通常会请我在周末进行培训。在初创公司中，详细的计划不太常见。

考虑到他们的工作方式，时长一两个小时的冲刺计划会议也不是非常合适。工作项目/问题通常都是通过客户或者管理层口头传达的。

接着他们通常会立刻开始工作，相应人员会开始编写代码，有时甚至不经过团队的讨论。

5.4.2 将初创公司带上敏捷之路

不得不说，帮助初创公司转向敏捷软件开发是我整个敏捷职业生涯中最困难的工作之一。情况变化得太快，有时在一次冲刺中，由于优先级的变化，所有冲刺项目都失去了意义。

此外，初创公司经常会为单个客户开发一个或几个项目，工作环境任由客户摆布。如果客户想要什么，那么所有人都会停下手头工作转而开发。

高层管理者和客户似乎才是真正的产品负责人，并且他们不受任何方法论的约束。

不得不说，顾客/管理层总是优先于我制定的实践和方法论。

5.4.3 需求管理

很难向他们解释清楚，基于文档/口头/电子邮件的沟通是无法讲清需求的，最终会导致理解上出现偏差，进而导致实现出现偏差。

我坚持基于用户故事拆解任务，并且获得需求提出者（客户/管理层）的确认。虽然这样会延后工作的开始，却能避免大部分后续问题。然而，需要有人大力推动这件事，没有管理层的积极支持是几乎不可能实现的。

5.4.4 为一个人赋予多个敏捷角色

规模较大的企业试图将不同的角色和职责分配给相应的个人，而初创公司几乎完全相反，不会让雇员只担任产品负责人/Scrum 主管。

虽然我已经为他们培训了一段时间，但他们仍然坚持将产品负责人和 Scrum 主管作为额外的角色对待。

从某种程度上来说，这是形势所迫，因为产品待办列表主要由客户决定，并且初创公司通常主要遵循 ScrumBan。

我也意识到，ScrumBan 可能就是最适合他们的模型了。我建议少数几个企业采用 ScrumBan，他们似乎比较满意。

当然，我必须承认，他们的敏捷程度（针对变化而言）比任何敏捷方法论都高得多。

5.4.5 客户的悲观主义

初创公司的客户对其交付能力大体持悲观态度（虽然对项目的主要考虑是低成本，但他们也害怕低质量和轻承诺），通常喜欢进行经常且突然的进度追踪。

这会对工作方式造成极大伤害，因为每次评审都会产生需求变更，并且仍然是通过口头传达的。

为了解决这个问题，我把客户评审改为每周或每两周的基于冲刺的交付，并让他们务必到场。我还规定，任何需求变更都必须以一致通过的用户故事方式进行。

然而，这种方法只有在我们大力推行的前提下才有效。大多数时候，初创公司会屈从客户的意愿。

敏捷还算比较年轻，但也并非不为人知。敏捷已经改变了许多人原有的工作方式。

即使获得了许多成功，实行敏捷仍然需要克服许多重大障碍。我们仍然需要鼓励人们采用敏捷。

敏捷不能解决开发团队遇到的所有问题，但也强过毫不作为。好的开始就是成功的一半。

5.5 我的敏捷之旅——Ebony Nicole Brown（企业转型高级教练和培训师）

我走进教室，面前是一群高二和高三的学生，他们为了避免重修这门生物课，都非常希望完成接下来的项目。我非常好奇这些学生会如何使用敏捷技术来完成他们的项目。

我进行敏捷指导和培训的对象大都是财富 100 强的大公司，有些还在前 10 强，但这间坐满高中生的教室还是令人望而生畏。他们盯着我，想知道我要介绍的敏捷到底是什么。

下面先说一说我把敏捷带进芝加哥这所高中课堂的缘由。

在家招待客人是我的爱好，这也意味着客人会看到我的生活方式。我的生活方式和我指导的内容是一致的，冰箱上满是大张的黄色便利贴、小张的彩色便利贴和看板泳道，用于帮助我管理生活。这些东西五颜六色，貌似杂乱无章，总是会让不知道我从事什么工作的新客人充满好奇。每次来了新客人，我都会向他们介绍我人生中遇到的最好的东西：敏捷。

一天，我照例在家里招待客人，便利贴上的项目包括洗衣服、发表敏捷演讲、规划故事培训班、打扫厨房和锻炼（我得加上这一条，不然是不会做的）。冰箱最下面是一些大张的便利贴，写着我的待办列表里的全部事项，供我按照优先级和大小来挑选。

Rouse 女士是芝加哥本地一所高中的优秀教师，此刻正站在冰箱前面，脸上满是敬畏之情。我向她解释了这种看板的用法和对我的帮助，也说起我的一些朋友自从养成这个习惯，生活就不再受限于缺乏组织的事项清单了。我们谈到了我作为"敏捷人员转型教练"的角色，以及我所合作的那些希望掌握这种工作方式的公司。我还解释了敏捷技术如何能够用于生活的方方面面，而不局限于企业。

此前，我曾经利用个人待办列表和看板，帮助青少年制定人生目标和职业目标。我指导过的一些人把敏捷技术带回了家，专注于使用（略微调整之后的）敏捷原则来改变家庭的"运作"方式。

在我和 Rouse 女士讨论的过程中，她开始好奇这种方法用在她的高中生物课学生身上会有什么效果，这些学生正在着手开展一个栽培植物的团队项目。在过去，学生们很难组织工作、进行合作并保持专注，而我这里刚好有解决方案：我的冰箱！好吧，不是我的冰箱，而是帮助我更好地专注于生活的敏捷技术和实践，这是 Rouse 女士为她的生物课学生找到的解决方案。

在走进课堂之前，我又和 Rouse 女士见了几次面，向她说明了敏捷到底是什么，以及可预期的目标。我还和学校领导会面，向他们证明我不是一个信口雌黄的疯子，并获得了他们的许可，得以来到学校指导高中生。

此时此刻，我站在教室里，面前是 19 位学生。这些学生不知道何为敏捷，甚至可能不知道什么是传统项目管理，我首先做了自我介绍，说明自身背景。

我是一名教练，我的工作是帮助企业和其中人员理解如何更好地向顾客交付更多价值。你们有多少次在更新完应用后，发现更新的内容是自己永远也用不到的？更有甚者，更新后还出现了问题。我就经常遇到这种事情。

我与公司和人们合作，从而实现最大价值，同时帮助他们理解不仅应该关注外部顾客，也要关注企业内部的工作方式。事实上，我们在生活、工作、学习中做的每一件事情，都希望能够产生价值，没有人想浪费时间。在进行生物课项目时，大家要记住这一点，交付更多价值，不让时间白白浪费。更重要的是，你们会因为交付了价值而获得好成绩。

接着我介绍了敏捷的基本概念，学生们听得很认真。然后他们划分了团队——类似于我合作过的大多数公司，他们的团队是被指派的——并提出了自己心中的项目愿景。虽然 Rouse 女士已经有了一个愿景，但这里的重点是看看学生们的愿景和老师想法的一致性。我合作过的许多团队对愿景一无所知，他们最初虽然知道愿景，很快便忘到九霄云外，失去了大局观。根据我的经验，如果对愿景没有彻底理解和把握，人们可能会沦为工作机器，单纯地执行命令，完全不把项目当成自己的事情来做。那么，这个项目应该实现什么呢？成功使用生物可降解材料栽培一株植物。怎么知道成功实现了愿景呢？创建项目的"完成的定义"。没错，学生们现在已经创建并理解了项目愿景，并且创建了项目的"完成的定义"，这让我印象深刻。

下面有趣的部分就要开始了，至少我是这么跟他们说的。我们需要创建一个待办列表，包含所有需要完成的事情。Rouse 女士扮演了类似于产品负责人的角色，已经创建了主要的故事，附带验收标准：

- ❑ 决定栽培哪种植物；
- ❑ 获取盆栽材料；
- ❑ 为植物浇水；
- ……

学生们的待办列表中大部分项目是相似的，但根据每个团队栽培植物种类的不同，也会有一些差别。这些新增的故事由团队自行添加。

我们一起为新故事编写了验收条件，也理解了现有故事的验收条件。令我惊讶的是，我们在 45 分钟之内就完成了这些事情，而即便是我合作的企业团队，也可能要花费数小时创建待办列表。原因在于，企业界的项目团队在开发应用时会陷入过多细节之中，妨碍了对更多故事的探索。在这个课堂里，老师允许学生们使用任意方式实现他们的愿景，"做什么"取决于老师（产品负责人），"怎么做"取决于学生（开发团队）。

在所有团队都完成了待办列表之后，将工作内容以视觉呈现。对学生们来说，重点在于理解这个看板是给他们看的，而不是用来让老师评判的。这是用于进行合作和可视化、提高透明度的一种工具。我们使用蓝色胶带和便利贴为每个团队制作了一个标准的敏捷板，贴在玻璃上，窗外可以看到 EL Train（芝加哥的地上铁）。不过也有例外，由于学校的空间比较局促，有一个团队使用了改造的硬纸板盒，不用的时候可以折叠起来，更节省空间。这些看板拥有简单的 4 列：项目待办列表、迭代待办列表、工作中、完成。

他们的所有故事都会纳入项目待办列表，预计能在 1 周内完成的故事则纳入迭代待办列表。不需要进行估算，因为他们编写的故事足够小，完全可以在半个迭代（无论一次迭代是多久）中完成，然后他们会在第一次迭代中凭直觉判断每次迭代可以完成多少。此后，随着速度越来越一致，他们就可以根据过去的迭代来估计可以完成多少了，简单而有效。

随着故事被纳入迭代，他们会将故事拆解为任务，即长度为一天的工作，以便进行跟踪。几个人会同时处理一个故事，每个人负责一个任务。大家每次在班里碰面并举行站会时，每个人都会把一个新的任务移至"完成"。

我演示了站会的形式，以及举行站会的原因。在站会练习中，每个团队都回答了 3 个问题。

- ❑ "我在工作中遇到了什么障碍，影响了工作的完成？"
- ❑ "自上堂课以来我完成了什么？"
- ❑ "在下堂课之前我计划完成什么？"

站会旨在让团队开展合作和互助，同时了解愿景实现的进度。学生们知道 Rouse 女士不会根据站会或者任何实践给他们打分，他们的分数取决于每次迭代之后实现的价值，这一点非常重要。之所以这么说，是因为我在企业中看到的一个误区就是过于注重实践，而对结果和价值关注不足。

我接着介绍了评审会议、回顾会议和迭代计划会议，讨论了待办列表精化，说明了有时需要加入新的故事、去掉原有的故事，以及改变故事的优先级。令我惊讶的是，这些高中生和企业人士不同，对这些概念并无异议。

才不到一天，这些学生似乎就已经明白了。下面看看项目的余下部分进展如何，以及学校、领导和老师设定的约束能否允许学生按照他们需要的方式工作。然而我无法在第 2 天去教另一个班了，所以我告诉了老师如何展示这种新的合作方式，然后由她来主导第 2 天的课堂。这样两个班级，总共 9 个团队都在实践敏捷了。

第 1 周这两个班的学生投入工作，合作完成了优先级最高的故事，也举行了站会。第 1 次迭代结束时举行了评审会议，团队们在会议上展示了这次迭代所获成果。目标不是让老师根据目前的进度给他们打分，而是提供所需的反馈，确保每个人都在朝着愿景努力。

评审会议起作用了，各团队向老师和其他同学展示了自己的工作成果。第 1 次评审会议时，每个人似乎都完成了一些工作，我觉得非常好，但学校可不这么想，学校高层要求每周都打分。如果比较团队进度的做法不符合敏捷的指导原则，那该如何为学生们打分呢？在没有告知我的情况下，老师和领导层设计了一份长长的表格，让每个学生填写，详细说明他们完成了多少故事，每个故事用了多少时间，谁做了什么，等等。这份表格开始关注数量而不是质量了，而且完全没提到交付的价值。

我指导公司做的事情也是这所高中必须做的事情。分数是团队共有的，通过每日合作和回顾会议，团队成员会互相监督，互相负责。此外，任务板上应该展示每个人在执行哪项任务，哪几个人在合作完成一个故事，这是信息发射源应发挥的作用——提供信息。

如果敏捷是一项类似于篮球的团队运动，该怎样为团队中的某个人打分呢？你不会这样打分。这就像是说球队的中锋得分最高，因为出手次数最多，而忽略了这些出手机会来自队友提供的篮板、助攻和传球。

Rouse 女士和学校开始领会这个概念，教学变得顺其自然了。最终会以团队为单位打分，每个团队都需要互相监督和负责，合作完成故事。如果有人没有尽力与团队合作，大家会在回顾会议中提出这个问题，然后一起找出问题的原因和解决方法。

一连 5 周，学生们每天都举行站会，并在评审会议中展示成果，在回顾会议中调整工作方式，在迭代计划会议中划分和规划任务，并在迭代过程中进行合作。更重要的是，老师允许学生自组织、获得授权并工作。有趣的是，我合作的公司并不总是信任员工，尽管那些人具备技能，也在学校里学过他们要构建的东西。虽然领导层跟我说他们信任每一个员工，企业文化却貌似不然。估算是强制进行的，时间线是强烈建议的，更糟的是，微观管理是常态。

在植物栽培项目的最后，每个团队都成功完成了他们的项目，栽培出了不同的植物，获得了最终的"发布"。最后的评审会议中，各个团队向老师和同学们展示了成果，并且每个团队旁边都摆着他们的植物，即待发布的最终产品。

我从高中生物课堂的敏捷实践中获得的主要启示如下。

- ❑ **允许人们自组织**，授权他们自主决策。无论年龄和知识，他们都会更快、更好、更有意愿地完成工作。
- ❑ **允许探索**。待办列表项不应该太过具体，以至于无法跳出思维定式。高中生通常不会拘泥于细节，而会为自己留出了探索余地，老师（产品负责人）编写的故事也提供了探索余地。
- ❑ **团队绩效为先**。如果依据得分评选最佳球员，就忽略了那些提供助攻、篮板等的队友。
- ❑ **允许指标驱动对话**。领导层总是想看指标，因此要尽早让他们明白指标无法反映全貌。
- ❑ **不必进行估算**。团队可以感觉到什么是能够完成的，并始终保持这种"感觉"。
- ❑ 由**产品负责人**决定"做什么"，由**团队**决定"怎么做"。
- ❑ **专注于交付价值**，价值才是关键。
- ❑ **简单，简单，再简单**。这是实现高效的唯一方式。

5.6 我的敏捷之旅——James Gifford（敏捷教练/敏捷转型专家）

我的敏捷之旅始于 14 年前。

那时我并未意识到自己开始了这段旅程。在攻读平面设计与网站开发的学士学位时，我获得了一份在西弗吉尼亚州一家小印刷厂实习的工作。

他们刚刚搬到一个新厂，正在实行精益生产。实习期间，我得以和工厂领班并肩工作，见识到了精益实践。

每两个月，领班会检查工作在工厂各个站点之间移动时所收集的工作数据，找出工厂的瓶颈，然后寻找消除瓶颈的方法。他们花了一年半才确定了工厂的最佳布局，在满足设备要求的条件下，消除了工厂工作流中 95%的浪费。久而久之，他还添加了各种工作流看板，以及用于指示工作可以拉取到下一站的信号卡，这套系统比电子工作管理系统更高效。

第 2 年结束时，我从大学毕业，开启职业生涯。

那个小工厂居然能和当地一些大型印刷厂竞争，不是凭借规模和设备，而是因为他们能高效完成工作。在敏捷之旅的这一程，我学到了很多东西，也明白这些实践日后会派上用场。

接着，我入职了一家大型金融机构的印制团队。

该团队负责设计并制作营销资料，用于招揽新顾客和为现有顾客提供优惠信息。从流程开始到邮寄资料一共需要 8 周，说明系统中显然存在大量浪费，但尚能满足需求。

到了能够使用按需印刷技术来驱动基于顾客数据的一对一定向营销时，8周的时间就无法满足需求了，因为数据太过陈旧。需要精简印制过程。我提议试一试我曾经在那家印刷公司见到的一些技术，大家同意了。我们打算在4个月内把前置时间（lead time）缩减到3周。创建并执行营销活动是比较简单的步骤，系统中真正的浪费是过度的人工处理导致每一步花费的时间。在接下来的4个月中，我们发布了新的活动管理支持工具，利用自动化办公来最小化并消除了大部分人工数据输入；我们创建了与内容库关联的模板，能够基于活动数据动态构建信函，并实现了对自动生成阶段创建的内容进行自动化核验。我们把这些项目增量式地发布到工作流中，以便在实行自动化办公之后的1个月内验证这种改变的效果。虽然这仅仅节省出了一周，但由于大幅减少了重复性的人工数据输入，员工士气大涨。我们在第2个月和第3个月实现了素材创作自动化，这又把时间缩减了3周，并且为平面设计师腾出了时间，让他们可以更专注于设计新的素材和处理一次性测试素材，而不用在手动创建文件上耗费75%的时间。最后一个阶段是实现自动化审校，这比最初设想的更难，我们在4个月的目标时间内没能实现这个改变，最终交付解决方案时晚了两周，幸好审校组辛勤工作的同事挽救了这次发布。功能上线之后，果然把印制过程的最后一周也省掉了。在以开发者和项目经理的双重身份为该项目做出主要贡献之后，我把工作重点从平面设计部门转移到了过程工程和更多的开发项目业务分析上，因为我能够将业务需求转变为技术需求，并且深入理解业务。过程工程是新角色中我最喜欢的部分，但久而久之，过程工程的工作越来越少，逐渐转向业务分析师，这就偏离我理想的职业生涯很远了。大约在同一时期，我私下开始以开发者的身份和一些朋友做兼职，并且发现自己的热情在技术上，是时候前进一步了。巧合的是，大约在同一时期，我工作的金融机构的另一个部门为我提供了一份数据分析师的工作，因为我有 SQL 和 SharePoint 的开发背景，并且他们听说了我在平面设计部门使用精益方法取得的成果。

担任这个新角色的几个月后，我们接到通知说，我们的项目管理团队会开始向敏捷转型，而我除了数据分析师的职责之外，还会有一些额外的职责，需要帮助产品负责人编写故事和进行测试。向我们介绍时没有说是敏捷，而是说要向 Scrum 转型，并为我们安排了为期3天的 Scrum 培训。对我来说，这是一个有趣的概念：不再需要无休止地编写需求、经常交付、根据反馈满足顾客需求，一切都以可持续的节奏进行。3天的培训中也没有提到"敏捷宣言"。根据属于业务方还是技术方，项目经理被分别转换为了产品负责人和 Scrum 主管。由于技术型项目经理的稀缺，一些团队中的 Scrum 主管角色被赋予了开发技术主管。制定计划的情况似乎还不错，因为我们至少对当年要完成的工作有一张路线图，并且使用获批的商业需求文档（business requirement document，BRD）中的项目创建了一个待办列表。由于产品负责人既不理解最小可行产品的概念，也没接受过培训，所以由开发团队决定所开发故事的优先级和次序。我们已经完成了3次冲刺，但既没有进行过冲刺评审会议或冲刺回顾会议，也没有过投入生产的发布。开发团队总是在冲刺的最后一天交付全部故事，并且总有 bug，我们就会把这些 bug 放到下一次冲刺中解决。业务方对开发状况非常不满，因为 Scrum 没有兑现承诺，而且项目的进度越来越落后。解决方案是让开发团队加班赶进度。Scrum 主管强制下达了这个命令，成为了真正意义上的工头。让我感到非常震惊的是，我们参加了同样的培训，却几乎没有遵循其中任何教导。

我花了一个周末在网上搜索有关敏捷的一切信息，惊讶于敏捷的历史、框架和实践，并且意识到我们只是在使用 Scrum，而且用法不当，离敏捷还差得很远，缺失的仪式也没有任何帮助。经过一个周末的学习，我着手举行了一个实践社群会议。由于没有教练，社群自己提出了一个改善方案，开始增量式地改进我们的 Scrum 实践方法。第一个目标是让所有仪式到位。一旦所有仪式到位，也开始定期举行冲刺回顾会议，这样就能让开发团队在冲刺中尽早交付故事，以便进行测试。但这没有解决质量问题。社群成员一致认同开发团队已经由于过度工作而精疲力竭了，而故事质量低下则是由于缺少产品负责人的精化。于是我们让业务方延后了项目截止日期，减轻了开发团队的负担，然后开始有规律地精化待办列表，让技术团队把确定工作优先级的权力交给业务方。事情似乎出现了转机。待办列表精化的引入没有如愿以偿地解决质量问题，于是我们诉诸极限编程，采用了测试驱动开发和结对编程。相比结对编程，测试驱动开发的效果更好。经过 5 次冲刺的增量式改变之后，10 个团队终于开始生产并交付高质量的代码了。在团队改善的同时，我还使用 SharePoint 开发了一个敏捷生命周期管理（agile lifecycle management，ALM）解决方案，将 10 个 Excel 待办列表整合成一个中心化工具，从而可以开始将仪表板、自动燃尽图和燃起图、线上任务板集中起来，供海外团队使用。我还花时间创建了一个自动化回归测试，这样就不需要在每次集成新功能时手动进行测试了。除了当前的和前一次的冲刺，我实现了所有测试用例的自动化。如今我仍然在使用这种方法，它仍然奏效。后来的改变趋于平缓，而我构建的工具也开始流行起来，得到了应用，并且在以一种敏捷的方式演化，直到我被指派担任 Scrum 主管，因为时任 Scrum 主管去休产假了。我终于踏入了技术的大门，今后或许能够如愿以偿成为开发人员了。然而我想错了。他们之所以用我，是因为我一直在推动开发团队向敏捷转型。前任技术项目经理/技术主管出身的 Scrum 主管非常不同，没有向团队授权，更多的是命令与控制，完全不是我理解的那种服务型领导。为了了解我的下属，我们去吃了顿午餐，一块儿聊天，开始构筑彼此之间的关系和信任。Scrum 主管是一个非常有趣的角色，我喜欢这个角色解决的问题，只是不同于我希望以开发人员的角色解决的问题而已。

我们的团队"特立独行"，不遵守在房间里举行仪式会议的规定，游击战式地精化待办列表（每天一个故事），在餐厅举行冲刺回顾会议，或者在天气好的日子去露台锻炼。团队成员都很开心，因为这样冲破了企业文化的教条，还帮助团队取得了高绩效，交付了高质量成果。

虽然这份工作很有趣，但还是比不上从开发工作中获得的满足。就在真正的 Scrum 主管准备回来工作时，我接到了一个朋友的电话，他正好要在同一家金融机构的另一条业务线上成立一个 SharePoint 开发小组，为我提供了一份梦寐以求的工作。我抓住了这个机会。在敏捷之旅的这一程，我学到了很多东西。

这份新工作深得我心。我可以从事开发工作和过程工程，使用精益技术尽可能精简过程，迭代式地向业务方交付解决方案，根据需要填补空隙并添加自动化和应用。我把这些年学到的敏捷和精益的所有知识都用上了，但由于两者都不属于高层管理人员接受的实践，所以我们既不叫它敏捷，也不叫它精益，而是将其乔装成了快速应用开发（rapid application development，RAD）。

我们按这种方式继续工作了大约一年，许多顾客对此表示满意，直到这条业务线开始了敏捷转型和技术整合。SharePoint 开发团队被解散了，我面临的选择是做 Scrum 主管还是 Java 开发人员。在这条交叉路口上，经过对两种选择的权衡，我意识到自己成为不了每天埋头写代码的程序员，至少在一两年内只能领不高的薪酬。犹豫再三，我还是选择了 Scrum 主管这条路，并且要求回到一年前离开的部门。回去之后，我被安排在之前曾经担任临时 Scrum 主管的那个团队，除了显著的规模增长，该团队在我离开之后没有发生什么变化。我负责为横跨 3 大洲和 3 个时区的 3 个团队提供支持。我还设法让他们送我去获得了 CSM 认证，并且遇到了一位非常出色的 CST 讲师，在他的课堂上学到了我很多东西，超出预期，而不只是如何正确实行 Scrum。他帮助我以一种新的视角看待 Scrum 主管的角色，我庆幸自己选对了路。他在课堂上强调了可以提高我的 Scrum 主管水平的探索性领域，还针对我需要管理的分布式团队给出了见解。我多么希望他们之前就能让经过认证的人为我们提供培训课程或者现场指导啊，这会产生天壤之别，我的职业生涯可能会走向不同的道路。担任 3 个团队的 Scrum 主管可不轻松，好在这家企业在视频电话、消息工具，以及作为 ALM 工具的 Jira 上进行了大量投资。我们的产品负责人愿意在任何时间工作，不为时区不同所限。此外，我们还建立了一个交接备忘系统——幸好任何两个时区之间都有 4 小时的重叠。这样一来，我们就可以全天持续开发了。学习如何在分布式团队中实现敏捷是一项挑战，但回报也很高。学习不同团队的文化，掌握和不同团队互动的方法，从而实现团队绩效最大化，同时希望他们开心。我花了很多时间阅读敏捷测试、框架和改善规划方面的图书，并在网上寻找优秀的博客。

经过为 3 个团队提供指导的不断磨炼，我终于开始寻求成为一名敏捷教练的机会了。我热爱 Scrum 主管的角色，但更喜欢为团队提供指导，这让我可以和企业中所有层级的人互动。于是我找到了一家咨询公司，他们正在寻找一名教练来帮助一家大型金融服务公司进行敏捷转型。这是我的第 3 次转型了，我感到非常兴奋。他们的转型之旅已经有大约一年了，正在寻找教练来帮助转型跟上进度。他们之前犯了一个错误，既没有雇用任何拥有敏捷经验的人，也没有接受职业培训师的培训，而是买了 200 本 *Scrum from the Trenches* 让大家阅读。他们也没有专职的产品负责人。看到人们虽然尝试实行 Scrum，却既没有规划能力又缺乏愿景，我跃跃欲试。为了应对规划上的挑战，我们采用了看板方法，以此作为对增量式改善进行可视化的方法，从而更好地规划。这项工作仍在进行，但我们正在实现增量式改善，结果拭目以待。

感谢大家花时间阅读我的敏捷之旅。

5.7 我的敏捷之旅——Jean Russell（文化炼金术士和茁壮发展女王）

把我称为敏捷践行者不是非常恰当，我其实是一名过程黑客。大概 7 岁时，我算出自己吃掉一片面包的最佳方式是咬 9 口，由此注意到了自己对于高效率的追求。

虽然我有时在技术行业工作，但我一般不在产品团队中，而是倾向于在运营部门工作或者担任教练。我会推进活动进行，也会写一写关于如何完成事情的方法，包括组织设计在内。

5.7.1 使用个人看板做草图

2010 年，我在努力思索如何进一步展开茁壮生长性（thrivability）的概念，以及如何突出在对这个概念的理解上影响了我的思想者。我设计了一种纸牌游戏，用于指导人们采取更茁壮生长性的（thrivable）行动。于是我邀请了一些认识的人，让他们为茁壮生长性的"草图"贡献 500 字以内的文字和图片。这份工作很特别，大家开始积极地表达自己的想法，但在预想的发布时间前，我只有 3 个月的时间来完成那本书，其中涉及大量的项目管理工作。

我曾经听说过个人看板，也简单地试用过，于是我决定对这个过程加以调整，用在自己的项目上。每篇文章都遵循相同的过程，包括邀请贡献者、协助他们写一篇文章、编辑这篇文章、为文章配图（如果可能）、请贡献者确认文章最终版本、让贡献者签署一份允许我使用文章的协议。这不是简单的三列看板，但确实要在行动空间中移动便利贴。

30 篇文章似乎是一个合理的数量，我大致就计划了这么多，但有些人在听说了这个项目之后申请成为贡献者，我也发现了更多想要邀请的人。于是文章数量增长到了 65，并且贡献者们处于过程中的不同状态，速度也各不相同。某一天，邀请列可能有 10 张便利贴，编辑列有 17 张便利贴，配图列有 12 张便利贴，定稿列有 5 张便利贴，签署列有 3 张便利贴。最初我甚至不知道应该有哪些列，它们是在过程中才浮现出来的。我无法在最初就把所有工作都计划好，并且获得相同的结果，是浮现和跟踪让我在 90 天内完成了整个项目。最终的结果非常棒，我在 3 大洲做了演讲。个人看板非常简单，可以根据需要增加列数，同时又足够清晰，让我随时都对项目进度了如指掌。我现在仍会使用个人看板或者 Trello 来跟踪和完成项目。

5.7.2 在指导中使用每日 Scrum 站会的变体

几年后，我希望在自己的教练实践中创新模式。我发现点对点工作非常有潜力，还发现用我所学的那种方式进行指导有些理想化。有时，人们的确希望听取建议或者分享信息。于是我创建了 Thrivable Agency，帮助人们建立这种新的模式。人们根据对这项服务的价值判断以及自己的负担能力来付费。我们采用了类似于每日 Scrum 站会的活动，但每周进行一次。参与者需要填写一份表格，说明自己完成了什么、下一个阶段计划完成什么、请求别人提供怎样的帮助，然后进行一次简短的通话。这有点儿像是 Mastermind 小组（我当时还不知道），但使用了类似于每日 Scrum 站会中的问题来帮助人们确定下一步该做什么，并且提醒人们为自己的点滴进步贺彩。

我还思考了很多关于游戏化的事情，尤其是如何通过一些小的活动建立自信，来更从容地面对严苛的老板。每日 Scrum 站会就是一种实现方式。当然，这些工具一般用于负责同一个项目的团队，我们这群人虽然没有这样的一致性，但正处在职业生涯中大致相同的阶段，都在朝着更高的目标努力，所以即使目标不同，也能感受到彼此之间的连接。

我与我的生活和工作伴侣 Mark Finner 也采用了类似的做法，每天填写一份简短的表格，说明我们完成了什么、今天的目标是什么，以及为了完成目标需要另一个人提供什么帮助。有时他希望我帮他编辑文章，有时我希望他帮我考虑一个想法。我们两个人用于提高生产力的方法大相径庭，所以这个方法既有助于我们跨越差异，连接彼此，也有助于我们迅速了解对方在做的事情。

5.7.3 同伴工作

我非常认可点对点这种形式，对权威和自上而下的结构则不以为然。此外，我希望以一己之长为他人带来价值，并且自己也从他人的经历中学习。我偶尔会希望和同伴一起提高生产力，总是独自工作不免有些孤单。有时为了完成一项艰巨的任务，我也需要他人的监督。于是我开始研究从一位进行结伴编程的朋友身上学到的东西，我称之为"同伴工作"，也可以把它视作和同伴进行的微型冲刺，或者合作式微型冲刺。

与前面介绍的类 Scrum 服务机构类似，大多数情况下，我和同伴不为同一个项目工作。不过，把工作切分为一小时的单位，然后和同伴互相监督完成，这种做法对我很有帮助。我们通常使用 Skype 或者 GChat 来发布该小时内的活动，然后决定工作完成后用什么方式小小庆祝一下。庆祝通常很简单，朋友之间，我们可能会在结束后打电话问问彼此的情况、分享搞笑视频、小睡一会儿，或者享受大自然。然而，按照规则，如果一个人的工作中断了，例如邮递员上门，或者在研究过程中开始刷 Twitter，就必须向另一个人报告，另一个人知晓这件事后会督促你继续工作。中断工作是难免的，我们不会因此评判对方，而是帮助彼此回到工作中。只要有机会，我就会开展同伴工作，例如在我开始拖延、有一个重要的截止日期，或者不得不做一大堆无聊的工作时。

5.7.4 推而广之

自我反思，如何把所学的过程用于产品开发以外的工作上，看看能否用于做家务、与伴侣沟通、与朋友相处、为业余爱好省出时间等。把这些过程的价值分享给运营部门的同事，看看整个公司能否从中找到提高生产力和促进公司内合作的方法。有人做到了，你也可以。只要存在可改善空间，就可以在现有过程的基础上进行修改和打磨。

5.8 我的敏捷之旅——Dave Prior（CST）

5.8.1 我是如何入行的

和这一行的许多人一样，我成为项目经理实属偶然。当时我在 Nickelodeon Online 工作，为他们的 AOL 网站制作内容（当时只要一上线就会收到提醒：您有新邮件！）。一天，我在某个储物间找到了一个盒子，侧面印着 Microsoft Project 4 的字样，然后我把它加载到 Mac Duo 上，从此改写了我的人生。我找到了一种方式，能在工作中把自己个性中的优势、缺点和非常之处结合起来。我不擅长的事情有很多，但比较善于应对自己无法控制的事情，像被人出卖、精心制定的计划被打乱（世事难料）等。

5.8.2 关于敏捷的第一次对话

开发人员 Tom 走进我的办公室，坐到椅子上，像猫一样舒展身体——双脚前伸，胳膊伸到脑袋后面……好一会儿都没动……

> "Dave，咱们需要向敏捷转型了。"
>
> 我（带着项目经理的疲倦神情，同时融合有挖苦和恼火）：
>
> "真的吗，Tom？为什么要向敏捷转型？"
>
> Tom："为了提高大家的生活质量。"
>
> 我："Tom，马上离开我的办公室，回去写代码，你是开发人员！"

5.8.3 第一次敏捷转型

几周后的一个星期五下午，首席技术官 Brad 过来在我的办公桌一角放了一摞 *eXtreme Programming Explained*。

"Dave，让你的团队周末把这本书读了，下周一开始实行敏捷。"

就是这样。不用多说，事情进展得并不顺利。我经常开玩笑说，如果敏捷顾问过来问我极限编程对我有什么伤害，我肯定眼也不眨地就指出来。情况实在太糟了，我对敏捷避之若浼，认为它不过是开发人员逃避估算的另一种方式。

5.8.4 敏捷劝诫会

几年后，在我早已是一名 PMP，甚至做过一小段时间的 PMP 认证培训之后，一群我十分敬重的开发人员为我开了一场劝诫会。我坐在中间，他们围着我站成一圈，用带着忧虑和评判的目光盯着我。其中一个人说："老兄，你得放弃瀑布式开发了，我们已经验证过它是行不通的。"（我们=宇宙中除了你这个不开窍的榆木脑袋的其他所有人。）他们让我学习 Scrum，我照做了，学了 Scrum 的一些相关内容。等到我回来汇报成果时，他们却用屈尊俯就的同情眼光打量着我，其中一个人说："Scrum？天呐！Scrum 是给小孩玩儿的，我们现在实行精益了。Scrum 中满是浪费。"

唉！

5.8.5 漫漫长路

回首过往，自己从瀑布式方法到敏捷的转变可能用了大概 8 年时间，其中后 4 年基本花在了克制自己不在每次有人提到故事点时就暗骂着往地上吐口水。虽然很多人似乎非常在意过程，但过程对我来说从来不是什么难事。然而，重拾对合作者的信任可不是那么容易……过去不是，现在也不是。过去的几年中，我从事的所有工作都和敏捷相关，工作中的主要目标是帮助那些拥有相似背景的人，让他们在变革中遇到的问题能够比我当时遇到的少一些。我经常有太多的事情要做，但这是出于我自己的选择。我仍然经常会感到紧张，但这从来不是因为害怕被人发现我隐瞒了什么。这种透明是我对敏捷的中意之处，我喜欢这种让好事、坏事、丑事得到同等关注的做法。我还喜欢与自己合作的人都富有创意、全心投入，都希望共同为客户构建出很棒的东西。

5.8.6 临别提醒

如果你正处在敏捷转型的早期，不要低估文化改变产生的影响。记得要有同理心，尤其对自己。在周围人对改变有抵触时，试着多些耐心。更重要的是，为这一切设定一个个人目标，虽然有时会感觉很难，但只要坚持就会收到回报。

5.9 我的敏捷之旅——Michelle Slowinsky（Association Applications Group 有限责任公司项目经理）

我真正的敏捷之旅始于我被工作了 19 年的公司裁掉时。我在 20 岁出头就加入了这家公司，那次裁员让我有一种被抛弃的无助感，充满了自我怀疑。

在找工作的过程中，我发现那些符合自己背景的职位在工作说明中通常会要求敏捷或 Scrum 的经验。于是我决定在网上搜一搜敏捷和 Scrum，看看为什么这么多公司看重这方面的经验。正当我要报名参加敏捷和 Scrum 的入门课程时，我找到了一份新工作。

找到新工作之后，我感到如释重负，同时也感激一位前同事的引荐。然而，我很快就发现这个职位和期望的不同，对我有一定挑战。

虽然我在上一家公司就已经接触了敏捷的概念，但我还是更习惯于传统的瀑布式方法。和我的上一家公司一样，新公司也没有实行敏捷或 Scrum，这不是"我们的"项目的首选方法。"我们的"项目严格按照传统的瀑布式方法，一步步朝着截止日期迈进。我习惯于有一大堆需要跟踪的工件，其中涵盖了不同的资源，用于跟踪人力资源的比率，因为人们被分配到了不同的项目中。但我注意到没有人享受其中，包括我自己在内。我负责支持两个新合同，这些项目通过里程碑的完成日期来跟踪进度，通过指标来展示项目的成功或失败。然而大部分项目在走向失败。我手上一度有 40 多个项目在同时进行，人力资源不仅分散在我自己的不同项目之间，也分散在另一位项目经理的一组项目中。我们的资源太少，没有足够的时间完成项目。这里就不对合同细节展开讨论了，只需要知道，这些项目在合同签署前就注定会失败。由于这家新公司是一个项目型企业，在我支持的两个合同结束之后，我又需要寻找下一份工作了，其他几个人也是一样。

我决定在这次解雇之后采取不同的方法。这次解雇也带来了一定挑战，但这次我要进一步扩展在敏捷和 Scrum 方面的知识。我报名参加了一门敏捷和 Scrum 的入门培训课程。敏捷和 Scrum 令人耳目一新，这门课既有启发，又有趣。我第一次真正见识到了敏捷和 Scrum 对于工作的可能性，并且希望进一步学习，利用所掌握的信息做更多事情。

很快我找到了一份新工作，这次是在一家移动软件应用公司，虽然不是我的理想工作，却是我未来目标的垫脚石。幸运的是，新公司接受敏捷和 Scrum 的概念，尽管他们仍然使用一种瀑布式方法进行交付。

我决定报名参加另一门 Scrum 课程，这次是 Certified ScrumMaster 课程。

该 Certified ScrumMaster 课程在一月份进行，由 Apple Brook 公司的丹尼尔·古洛老师教授。

丹尼尔的课程内容充实、引人入胜、互动性强。我们有机会以团队为单位在不同场景中工作，需要和 Scrum 技能各不相同的人打交道。

课程也让我们有机会了解丹尼尔的工作背景，以及使用 Scrum 使丹尼尔在身体和情感上发生的转变。丹尼尔向我们展示了他使用传统瀑布式方法时的一张照片，并向我们讲述了他当时的感受。照片中使用传统瀑布式方法的他看起来很不开心。丹尼尔又向我们展示了他使用 Scrum 时的一张照片，并谈起了他当时的感受。照片中使用 Scrum 时的丹尼尔看起来很开心。我从丹尼尔的前一张照片和自我描述中看到了我自己。丹尼尔说他希望享受工作，我也是这样想的。人生苦短，不该做痛苦的工作，也不该每天都活在对上班的恐惧中。既然人生的很多时间花在工作上，我们至少应该享受工作。

在完成了丹尼尔的课程之后，我把 Scrum 带回了办公室，希望改变公司中的做事方式。虽然改变对任何人来说都不简单，但我在过去几年中经历了许多变动，所以我理解它。我试图通过举行每日 Scrum 站会、整合冲刺（这需要对大家的合同做一些调整，不过这是另一回事了）和举行回顾会议，逐步推行 Scrum 的概念。我还试图说服首席执行官不要使用开源解决方案来管理产品待办列表和冲刺待办列表，因为从长远来看，使用开源解决方案来管理产品组合是不可持续、不够稳健的，无法看到全貌。

最近我又参加了另一门 Scrum 课程，这一次，首席执行官来到我的办公室了解了课程情况，还让我为各个团队做展示。看来，变化来得虽然不及我预期的快，但终究是来了。很久以前我听说，为了让事情有所变化，必须首先做出改变。随着时间的推移，事情会不断变化，我们无法事先掌握所有问题的答案，那为什么要基于一定会发生变化的假设来制定计划呢？Scrum 只是人们的一种工作方式，它是敏捷的，并且会让人生更快乐。

5.10　我的敏捷之旅——Gavin Watson（沃森公司首席执行官）

　　一切都始于 Jeff Sutherland 的 *Scrum: The Art of Doing Twice the Work in Half the Time*。我不记

得自己是怎么找到这本书的了，可能是亚马逊根据我的在读书目推荐的吧。

我非常喜欢这本书，还买了几本给同事看。我在一个家族企业工作，这家公司是我的祖父在 1939 年创立的，叫作沃森公司。我们为食品公司生产原料，目前大约有 275 名员工，大约一半在制造岗位，另一半在研发和行政岗位。我执掌制造与维护部门。

我们已经有一名精益方面的顾问了，帮助我们实行改善（Kaizen）活动，主要针对生产、维护和仓库领域。改善活动在某种程度上让事情开始发生转变，它让人们花一周左右的时间，从常规工作中抽身出来，看看大家是如何完成工作的，即研究工作的方式。

观察人们在被要求做这件事时的投入程度很有趣。起初大家有点不知道从何入手，但过了一天，每个人就都在用新视角看待工作了，并且发现了许多可改善的地方。

在把 Jeff Sutherland 的那本书读过几遍之后，我碰巧发现附近的费尔菲尔德大学开设了一门 Scrum 课程，就报名参加了。课程讲师是丹尼尔·古洛。给自己报完名后，我又想到其他经理和主管可能也会感兴趣，就通知了大家，最终公司有 6 人报名了这门课程。我们都很喜欢这门课，它帮助我们明晰了许多事情，并且解答了一些问题。

丹尼尔在大约 1 个月后还有一门课，我又派了四五个人参加。在这第 2 次为期两天的课程之后，丹尼尔来厂里和我们见了面，我们带他参观了一圈，展示了我们的做法，也讨论了目前的成果。

虽然在制造业中无法实现纯粹的 Scrum，但我们在朝这个方向努力。为了说明这一点，也许最好的方法就是先讲一讲我们之前的工作方法，再看一看后来的改变。

我们每周工作 5 天，实行三班制，每一班开始时都会举行轮班会议。按照我们原先的方式（实行 Scrum 之前），在轮班开始之前，主管会在厂里巡视一圈，了解目前的工作情况，对比一下计划，然后和上一班主管讨论目前的状况和遇到的问题。雇员会在规定时间来到会议室，由主管分配工作，指派哪组人操作哪台机器、任务内容以及任务量。如果设备出现了问题，或者原材料来迟了，主管需要通知维护和仓库经理采取相应措施。

按照新的工作方式（实行 Scrum 之后），轮班主管变得像是 Scrum 主管，负责帮助清除障碍和问那 3 个问题。在我们的场景中，问题变成了：上一班完成了什么？今天要做什么？遇到了什么障碍？

每一班自己决定该如何工作，例如自己决定轮班会议的"准时"意味着什么，并决定哪组人运行哪台机器。有一个班决定让大家每周重新分配由谁来运行哪台机器，另一个班则决定每天重新分配。很多人想学习新东西，所以他们会通过协商或自愿的方式，申请自己还没有操作过的机器，以便学到更多东西。每一班的团队都会制定自己的工作分配程序。

按照目前的工作方式，在轮班会议开始之前，员工已经去各自负责的机器那里检查过情况了。如果存在任何问题，他们也都清楚，因为已经和前一班的操作员交流过了。

接着，操作员们会来参加轮班会议，说明前一班的情况、这一班计划完成的工作，以及可能遇到的障碍，包括机器故障、原料短缺等。轮班会议中除了轮班团队，现在还加入了一名维修机械师和一名仓库人员，以便他们及时了解情况。维修机械师应该已经和上一班的机械师沟通过了，了解了维护部门的情况；仓库人员应该已经和上一班的仓库人员沟通过了，也有新信息可以分享。

新的安排方式让每个人都开心多了。我们仍有一些事情需要做，例如每周举行回顾会议，讨论如何能够做得更好。

我们还在另外两个地方使用了 Scrum。在改善活动期间，总会有一些事情在改善活动周中没能完成，但我们又非常希望完成，因为它们是很好的改善机会。这些事情会纳入一个 30 天跟进列表中，但 30 天过后，通常只会完成很少的事情。我们也试过 15 天跟进列表，有一定成效，然后又换成了周跟进列表。最后我们想到，如果让一个小组每天集合起来，快速举行一个会议，问那 3 个问题怎么样？这样就能让大家对这件事都重视起来，保持专注。虽然他们不能像常规 Scrum 一样全职开展这项工作，但这有助于他们安排活动，Scrum 主管也能不断清除障碍。我们发现这的确是一个好办法。

Scrum 团队中的某些成员可能来自原先的改善团队。他们通常是那些在自己工作的部门中刚刚进行过改善活动的改善团队成员。改善团队通常会包含其他部门的人，甚至包含其他公司的人，以便为改善活动提供外部视角，但这些人不属于 Scrum 团队。Scrum 团队是具备完成工作所需全部技能的多功能小组，将 30 天跟进列表当作产品待办列表。改善团队会选出一名成员，在 Scrum 团队中担任跟进列表的产品负责人，这个人既理解改善团队构想的事情，也明白它们为什么重要。

Scrum 团队可以使用他们觉得最好的方法，着手完成 30 日跟进列表上的各事项，需要时可以向产品负责人寻求指导。

我们使用 Scrum 的另一个地方是在需要改善的多部门复杂系统上，每个部门都会派人过来，一起花上几周设计新系统。Scrum 非常适合这种似乎无法由单个部门或者单人解决的复杂问题。该团队中的每个人都很开心，享受共同开发新系统的自由。

前路漫漫。我已经读过了哈里森·欧文的《开放空间引导技术》，现在正在读他的 *Wave Rider*。

这些书帮助我们达到了目前的自组织程度。如果你能找到有创新意愿的人，我们就会通过自组织想出办法，在明天一早举行第一次开放空间技术会议，议题是"如何为新客户提供新产品"。正如哈里森·欧文所说，"准备迎接惊喜吧"。会议由感兴趣和有意愿的人自愿参加。在开放空间中，大家会在会议开始时自己创建议程，让与会者来到中间，写下他们想要开发的东西，然后向众人展示。把大家的想法都张贴到墙上之后，我们会"开放市场"，让大家报名参与，看看他们能做出什么来。

我最近在读 Gary Hamel 的作品，他的 *What Matters Now* 一书非常棒，主要讲传统的管理系统已经过时了，应该以不同的方式进行组织。

另一本非常好的书是简·麦戈尼格尔的《游戏改变世界》，很好地论证了我们应该让工作更加游戏化。游戏有 4 个核心元素：明确的目标、清晰的规则、跟踪目标完成进度的方法，以及加入或退出的自由。游戏是自愿的。简·麦戈尼格尔说过："Scrum 是一个非常好的游戏。"

这些作者和系统都面向同一个方向：更多自我导向的人按照各自的方式进行合作，圆满完成工作。我的目标就是朝着这个方向不断努力。

5.11 我的敏捷之旅——Kanwar Singh（IT 项目群经理）

我为一家大型医疗服务机构工作，日常工作涉及构建用于管理数据并提供商业智能功能的系统和应用。

我们的大多数工作是使用传统的瀑布式方法完成的，最近才开始注重缩短上市时间，更快地向顾客交付价值。对客户的投资回报以增量式价值，是向敏捷交付的文化转型的重要驱动力之一。

和任何企业（尤其是 IT 企业）一样，我们企业中也有使用流行语的倾向，却没有完全理解采用这些技术和方法的前提条件，并且在采用时倾向于把它们变成当前过程的一种变形，而不是一种改变，要知道，当前过程是不起作用的。

我们采取的第一步是评估并理解这个工具，即什么是敏捷？我们该如何有效地利用它来获利并提高市场份额？需要什么样的培训？如何开展培训？学习曲线是怎样的？这会对现有生成流水线产生什么影响？

在一名敏捷教练（任何企业若想成功采用敏捷，敏捷教练都是至关重要的）和一些培训师的帮助下，领导层认同了敏捷，然后由此推动了整个企业。根据我们的经验，相比自下而上推广敏捷，通过领导者来推动效果更好。

敏捷教练在企业内构建了一定的敏捷基础——为企业培训了一批自己的培训师，然后这些培训师会去获得认证，建立基线。接着会举行午餐讨论会，开始转变思维方式，从而采用这种注重合作、负责、伙伴关系、通过更少的必要文书工作来实现快速交付的新方法。

这些午餐讨论会涵盖了敏捷的全部要素，包括"敏捷宣言"、角色、工件、挑战，以及路线图，路线图用于指导经历这种转型的团队从敏捷中获益，避免轻言放弃，声称敏捷对他们没用或不适合他们，等等。

有的挑战需要时间来克服，其速度是由企业文化、领导层战略，以及对采用新方法的开放性所决定的。不同企业对改变的开放性是不同的。

敏捷是软件开发生命周期的未来，最大的驱动力来自缩短上市时间，更快地向客户展示一些东西，而不是等到数月甚至数年之后才让客户看到投资的价值。

如果正确地理解和采用了敏捷，就有望消除软件开发生命周期中的大部分痛楚，通过精益方法精简过程，有助于提振员工士气，保持工作和生活平衡。

这一切确实需要时间才能达到成熟，并且一路会遇到各种挑战。对于我们来说，最初是适应从传统业务分析师（收集需求、创建商业需求文档）转换到以一种合作性更强、更为迭代式的过程来定义特征和史诗，精化用户故事。这既需要理解产品负责人的角色，又需要清晰地描述需求，说明要做什么以及原因，并且创建验收标准。我们仍然在继续利用这个机会，力图编写可以被垂直拆分的、更简洁的故事，以便团队在每次冲刺后都能交付增量功能和可以上市的产品。

我们在不断完善"完成的定义"，产品负责人和团队承诺共同合作定义"完成"，以便每次冲刺都能够交付一个最小可行（可上市的）产品。

下一件事涉及工程实践，以及让团队的每名成员——从开发人员、测试人员到数据库管理员等——对可交付产品的成功负责。这是一种转变，从之前团队和利益相关者都认为只有项目负责人是项目健康度的唯一负责人，转变为一种更为责任共担的模型。

团队需要考虑各种工程实践，通过尽可能引入自动化，更快地部署代码和集成测试，来提高效率。他们必须思考如何规划工作来交付增量价值，同时习惯于经常重构，而不是一开始就做好设计。

我们目前在考虑的另一个发力点是专有人力。在传统的瀑布式软件开发生命周期模型中，人力资源同时属于多个项目，他们不得不利用设计和代码上的重叠，在给定发布周期中尽可能减少工作量，并且会不断来回切换，在状态会议上花费很长时间。这种情况导致了工程延后，有时还会导致交付的产品不符合顾客预期。敏捷实践缩短了开会时间，让团队更高效，能够交付高质量的代码。现在增加了团队成员之间的合作以及团队的责任共担，这些做法都促进了产品的更快发布。

我们的敏捷之旅还在继续……

总之，相比框架，敏捷更是一种思维方式，采用这种思维方式可以为企业带来巨大的成功和积极的结果。敏捷是一种强大的工具，如果使用得当，没有变形，就可以缩短上市时间、提高顾客满意度、减轻员工的负担。最好的起点是引入一名敏捷教练，理解敏捷的核心和敏捷让企业受益的方式。

5.12　我的敏捷之旅——Sam Laing（Growing Agile 敏捷教练和培训师）

第一次听说 Scrum 时，我是一名开发人员，准确地说是团队主管。Scrum 听起来棒极了，简单、轻松，如此显而易见！我不敢相信，有一个方法居然可以解决我的所有问题。

这些问题包括：首先被告知截止日期，然后拿到一份用厚厚的需求文档写出来的半生不熟的需求；没有完全理解我们正在构建的东西，却总是倾向于责备他人。

于是，我向所有人介绍了 Scrum——嗯，至少是我在周末阅读中学到的关于 Scrum 的东西。我和团队也决定在实践中做一些尝试，例如对于某个特性，将需求文档从 200 页缩减到 20 页；用两周时间构建特性，然后交给测试团队。情况好转了很多。不过，我和团队只是转型成了迷你瀑布式，还没有完全掌握 Scrum 或敏捷。我学到的东西是，不一定需要实行 Scrum 或敏捷才能获得改善，很小的举措也可以带来巨大改善，有时这就足够了。

两年过去，我读了很多东西，也做了很多试验，理解了敏捷背后的本质。我读了所能找到的每一篇博文，发了推文，尝试过各种想法和培训班，也记下了什么方法有效、什么方法无效。我加入了本地社区，惊讶于大家对于分享和成长的开放。

我成了在 18 个月内成功将 6 个团队转型为 Scrum 的 4 名 Scrum 主管之一。这段经历很有趣，而且比我想象的更难。我由此学到，敏捷无法在泡沫中存活很久，这里的泡沫是指开发部门。最终，企业也需要调整和改变，否则 Scrum 团队就不会稳固。

我想，就是在这时我觉得自己终于"懂了"。不是说什么都懂了，而是可以接受自己的无知，然后找出接下来可以做的小事。这让我获得了自由，我开始了作为敏捷教练的旅程，和我的业务搭档 Karen 一起，帮助其他人来达到这个状态。

　　Karen 获得了 CST 的头衔，接着我们一起在世界范围内教授 CSM 课程，持续了一年时间。最初的几次课程很棒，我们感觉每次授课都学到了更多东西。我们下了很大功夫，力图让培训提供丰富的体验，并且令人难忘。很快我们就意识到，课程的重点已经不在于理解 Scrum，而在于获得认证了。经过深入的思考，我们意识到很少有公司愿意派多于一个人接受培训，而这个人在回去后需要利用在两天培训中学到的知识，负责整个团队的转型。

　　于是我们问自己，如何让培训更有成效？答案是为整个团队提供培训，指导他们进行最初的几次冲刺，然后专注于 Scrum 主管的成长。课程和书本一样，提供的是知识，只有应用这些知识并从中学习，才能获得经验。敏捷没有捷径可走。

　　我和 Karen 在这些年中与许多团队进行了合作。我最喜欢那些我们每个月造访一次的团队，可以看到他们有什么成长，他们也能体验我们学到的新技术。这是一种共生关系，总是在学习和成长。整个敏捷社区也是如此，我们都在分享自己的知识、技术和失败，共同学习，一起变得更好。

　　敏捷最让我惊讶的地方在于，它渗透到了我所做的每一件事中。敏捷帮助我筹办婚礼、安排每周的家务活，甚至训狗！我觉得它让我成为了更好的人——更稳重，也更善解人意了。我期待每天都能学到更多东西。

5.13　我的敏捷之旅——Joel Semeniuk（首席创新官和孵化总监）

　　和许多人一样，我的敏捷之旅也是从一个 BHASP（big hairy audacious software project，这是我发明的词，欢迎引用）项目开始的。这是 1996 年金融领域的一个 BHASP 项目，涉及几十家 IT 厂商，包括 IBM、Oracle 和微软在内。简单说来，那就是一塌糊涂。如果让我给当时使用的方法起一个名字，我会称之为"英雄法"（heroics）。我们每周工作 6 天，每天工作 16 个小时。但是，我觉得直到项目开始 3 个月后，我们都还不知道究竟在构建什么。我对自己的技术能力非常自信，但有一种预感——我们构建的解决方案本身可能就是错的，而不只是在用错误的方式构建解决方案。

　　每周五下午是反思时间，我们团队会一起出去喝酒，反思这一周的混乱。"肯定有更好的方法……对不对？"我们会喝几杯冰镇啤酒（有时不止几杯），同时这样问自己。久而久之，我们逐渐意识到团队的主要挑战不在于技术，而在于人。事实上，我们还想出了一句口号："要是没有人的问题，这件事就简单多了。"我们在周五的酒水中分享着一些微弱的希望，在听说项目的某些小部分进展顺利时有所"顿悟"。为什么进展顺利？是什么让项目进展顺利？也许我们着手把能够减轻痛苦的事情都列出来，就能够从中学习，然后在我们的领域中采用这些实践？

项目进行了大约 6 个月后，就像乌云密布的天空突然放晴，阳光照在我脸上一样，我突然意识到软件开发成功的关键在于方式方法。事实上，我还进一步意识到，关键问题在于团队的合作方式，更重要的是团队与顾客之间的合作方式。正是那个时刻决定了我接下来 20 年中的工作重心。（写这句话时我心下一惊——真的有 20 年了？）

1997 年，在我 25 岁时，我决定成立一家名叫 Imaginet 的公司，专注于软件工程的方式方法。我对此倾注了全部心血。我开始在 Imaginet 中实行一种称为软件工程过程改善（software engineering process improvement，SEPI）的实践，旨在剖析软件工程，把能够获得更好结果的最佳实践结合在一起。我很快就发现了"结果"（outcome）一词的主观性，有些人认为成功的结果是项目按时、按预算完成，而有些人认为是让用户开心，还有人认为是降低成本。有段时间我把能够找到的所有知识体系都学了一遍，包括项目管理知识体系（project management body of knowledge，PMBOK）和统一过程（unified process）及其变体，但直到我读了 Goldratt 和 Cox 的 *The Goal: A Process of Ongoing Improvement*，才又一次经历了那种"顿悟"时刻。

这本书和软件开发毫无关联。事实上，这是关于一个人改革一个制造厂的故事，但我在阅读过程中不由地注意到它和软件开发过程的相似之处。受这本书的影响，我把能找到的所有关于约束理论（theory of constraint）和丰田生产系统（精益的基础）的材料都学了一遍。在钻研新知识的过程中，我惊诧于这些原则和实践虽然已经存在了 30 多年，却仍未成为"软件制造"的基础。我们似乎是在重新造轮子。

这时我已经遵循了统一过程的指导，按照自己的独特方法剖析软件工程的生命周期。我为不同类别的工作流都制定了详尽的实践列表，用于帮助团队变得更高效、更从容。必须承认，我很喜欢统一过程分解并呈现工作流的方式；然而，每次我看到统一过程（通过统一软件开发过程，或者其他混合方式）被付诸实践，它总会变得不像是出自统一过程，沦为一种扭曲的变形，用于让极度线性/瀑布式开发的过程合理化。我不想质疑统一过程的提出者，但我相信这绝非他们的初衷。统一过程是迭代式的，倡导增量式的需求和验证，鼓励反馈循环和与顾客密切合作。统一过程有很多非常棒的东西，与我个人管理项目和团队的经验相符。出于这个原因，许多企业采用了统一过程，只不过在实现时被扭曲了，从来不会有人质疑，不会被规模化地采用，也不会得到改变和改善。这是统一过程的失败，由于容易被滥用而丧失了价值。

也正是在同一时期，我开始和一些志同道合的业内人士会面。我还碰到了许多我称之为"敏捷纯粹主义者"的人，这些人让我开始注意到自己对敏捷的理解。我开始听到诸如"如果不使用测试驱动开发，就不是敏捷""统一过程完全就是反敏捷"，或者"验证软件需求的唯一方法是使用可工作的软件，而不是任何其他形式的规范"之类的论调，也开始听到许多关于敏捷团队是什么、不是什么的说法。对于各种各样的事情——从做预算到试图规划发布——我都能听到类似于"这不是很敏捷"的评论。显然，如果你不得不规划发布（例如一个产品），或者出于预算的限制，需要根据预算来制定计划，就称不上敏捷。好吧，我想我不是这个敏捷团体的一员，因为我在工作中既需要预算，又需要用于预测事情完成时间的方法。我感到被不久之前还让我兴奋不已的事情拒之门外，这让我心烦意乱。

敏捷俱乐部（我开始这样称呼这群人）让我感到非常沮丧，尤其是在敏捷大会上听到演讲者宣扬"除非完全遵守遵循 Scrum，否则你用的方法就不能称为 Scrum！"之类的论调时。我不关心自己是否属于这个俱乐部，我只想构建软件，以及帮助我的客户更好地构建软件。敏捷为什么变得越来越僵化？出于这个原因，我把所有时间和精力都集中于应用生命周期管理，这既不是敏捷，也不是非敏捷。由于"变得更好"对我的客户来说最为困难，因此我在这一方面花费了更多时间。我的目标不是与客户合作实现一个敏捷乌托邦，而是为他们提供工具，帮助他们更好地构建软件，无论这对他们来说意味着什么。虽然一些敏捷实践无疑是其中的重要部分，但我很少"宣扬"敏捷"非黑即白"的思维。我创建了一种系统，允许团队基于改善"套路"（kata）进行改善，"套路"受精益制造中的改善法启发而来。从本质上来说，我意识到（真正的）改变的驱动力来自对解决痛苦或者获得收益的需要（对特定价值的有意识的需求），而不是出于某个方法论的希望或者承诺而进行的盲目尝试。通过专注于增量式改变的"原因"，我得以看到团队发生了重大改变。我指导的团队专注于通过增量式地采用相应实践来解决问题（消除痛苦、获得收益）。我的目标是教他们如何变得更好，而不是变成敏捷团队，尽管最终结果是大多数团队变成了专注于敏捷实践的高绩效团队。

久而久之，我遇到了越来越多同样因为敏捷纯粹主义者的敏捷俱乐部而感到沮丧的人，我们都对这些人宣扬的关于敏捷是什么、不是什么的僵化而严格的教条而感到失落。当然，我们明白为什么会出现这种情况。有时遵守规则和模式比真正理解它们背后的驱动力要简单得多。不要误会，我热爱 Scrum，热爱极限编程的实践，也热爱几乎所有的敏捷实践和方法。我在过去 20 年中多次针对这些实践发表过演讲和文章，并且认为这些实践具有巨大价值。不过，这些实践虽然很出色，但并非对所有团队和企业都同样适用。在我看来，团队在采用这些实践时，需要仔细检查并进行实验。

说实话，我觉得"敏捷"这个术语在下一个十年中可能会过时，而精益思想和敏捷会走向融合，最终变成单纯的"软件开发"或者"软件制造"。敏捷不会变成一种教义或者一套僵化的标准，而是会像其他行业的现代工程和制造一样，变得更为科学和务实。敏捷会在实验和实证中演化。

自我在 20 世纪 90 年代中期的最初顿悟以来，我的敏捷之旅都注重"方式方法"的不断演化，因为我意识到关键在于旅程，而不在于目的地。我们应该专注于通过实验和增量式验证，增量式地采用那些确定有效的实践，以及需要破除"敏捷"的教条，专注于根据团队的需要和相对成熟度为团队和企业引入"良好实践"。

有意思的是，我发现受精益创业和顾客开发模型启发的许多相同的思维方式正在被许多企业采用，整个行业终于向敏捷团队中宣扬的相同原则看齐了。我相信这种不同世界的融合——精益经营和敏捷开发——会为今天所谓的"实行敏捷"带来更多火花和升级。我有一种强烈的预感，将会到达另一个拐点——业界引入另一种创新。企业领导者们开始真正认识到，对于被迫创新的企业，以及有可能被颠覆性初创企业取代的企业来说，人们的合作方式、合作环境，以及团队的思维方式都对企业的健康状况至关重要。因此，我认为自己仍在敏捷之旅的初期，我也很高兴自己踏上了这趟旅程，并且对未来充满期待。

5.14 我的敏捷之旅——Kristin Kowynia（Paylocity 产品负责人）

我的敏捷之旅始于一个全新的产品负责人角色，我之前从未参与过产品管理或者项目管理。我当时在一家大型财富 250 强公司工作，作为一名 20 多岁的年轻女性，充满了热情、动力和对成功的渴望。这有时是件好事，有时则不然。

我在工作两年多之后得到晋升。此前，我在销售支持组中扮演产品和技术组与销售人员之间的联络人角色，负责"让销售团队诚实"，确保我们向顾客准确展示我们的软件能做什么，更重要的是，不能做什么。这需要跟产品和技术组直接合作，并帮助他们了解客户需求和竞争者推销的东西。

软件开发工作分散于整个公司中，我们部门大约占整个公司的 10%，专注于一个小众市场的软件开发。这让我们和企业的其他 90% 完全脱节了，我们有自己的软件与技术领导层，独立于企业的软件和技术组，向我们的部门经理汇报工作。我们部门至少有 5 个筒仓开发小组，分别负责该小众市场中的不同产品组合。

公司的业务运作是瀑布式的，通过收购进行扩张。我们会和收购的产品"同步"，而不是把它们集中到通用数据库中。一次发布要用两年时间。虽然"云"已经兴起多年，不容忽视，公司却迟迟未能接受多租户托管软件的概念。公司依靠任期和"部落知识"（tribal knowledge）发展壮大，但创建的需求文档和培训文档长达数百页。

大约就在我开始担任产品负责人时，一切都变了。

当时公司刚完成了一次重大收购，用公司年收入的 25%收购了西海岸的一家大型科技公司。这家公司为我们带来了新的视角，即敏捷和 Scrum。没过多久，我们的技术高管和营销高管都跳槽了，由新收购公司的首席技术官兼任这两个职位。转型开始了。

在担任产品负责人的第一天，我了解到自己会掌管公司 9 年前收购的一个产品。该产品在 20 世纪 90 年代初就已经投入市场，是公司中少数几个多租户托管系统之一，年收入超过 100 万美元。收购之后有过两任产品经理，一位任期 8 年，另一位的任期只有 1 年。

开发团队位于东海岸，邻近纽约（我当时在芝加哥），规模相当于一个冲刺团队。团队的所有成员都在公司工作超过 5 年，其中两名工程师已经工作超过 15 年。除了一名成员之外，其他人的孩子都已经和我差不多大了。开发经理和 Scrum 主管之前是老板和企业家，以独裁方式进行领导，毕竟这是在纽约。

第 1 步是合并产品与技术，第 2 步是敏捷 Scrum，第 3 步却出人意料。我们公司决定为每个团队增员 50%，并在印度成立一个海外小组，同时取消了专职质量保证人员，也取消了完全在家办公的职位。

我陷入一片混乱，经历了巨大的变革浪潮，但这对我来说没什么差别。我有自己的工作要做：成为一名优秀的产品负责人。我对这些改变的重要性知之甚少，只是把它们当作现状来对待。那时的我可真是天真。

接下来的 6 个月是火一般的考验。我们采用了长度为两周的冲刺，每天一早都举行站会。即便我们竭尽全力，站会还是很有挑战性，经常用时超过半小时。我们的工具顶多算是普通，既没有 Jira，也没有 TFS，而且与第一名印度团队成员的通话质量非常糟糕，沟通困难。

雪上加霜的是，我们的托管系统每月都会崩溃，在客户最需要我们软件的时候宕机。组织为此苦苦挣扎，因为公司销售的其他产品大都是单租户的。

2000 多位客户同时宕机这件事引起了高层管理者的注意，也带来了相应的压力。我们的开发经理在冲刺看板上搞了一个"快速"通道，甚至还完全取消了一些冲刺。我对此无能为力，由于和美国团队相距 800 英里，我经常在一天甚至更久之后才发觉。

在此期间，我参加了丹尼尔的 Certified Product Owner 培训课程，他也造访了我们的纽约办公室，组织了一场敏捷训练营。我去了纽约，并且我们团队慢慢明白，快速通道和取消冲刺都无法解决问题。事实上，这些做法还造成了更多混乱，使得我们向企业和顾客交付的价值更少了。

随着印度团队逐渐招来了更多新成员，我们分成了两个冲刺团队，每个团队包含一半美国成员和一半印度成员。公司大约在这时引入了视频会议，有一点效果，但我们没有利用好。

大约 9 个月后，环境稳定了下来，而团队的开发经理离开了公司，从另一个产品线和办公室调来了一位我们都不认识的新开发经理。

在他加入后不久，丹尼尔又一次造访，此行旨在讨论精化。那时我们团队依赖详尽的需求文档，以及前任负责人丰富的行业知识，这些知识积累自把公司从 1988 年的微不足道经营到 2003 年以数百万美元出售期间。

我们一起学习了如何把高层史诗拆解为故事、共同定义验收标准、去掉赘余的不常用特征，以及有效地进行精化。

我们在视频会议上投入了大量资金。没有视频会议，对话就无从谈起。经过一番抵抗，所有人都团结了起来，纽约、芝加哥和印度之间的联系开始迅速增加。我们又在出差上投资，我每个月都要去纽约出差一周，还曾经去印度出差两周。有 3 位印度同事去纽约出差了 6 周，期间我也在纽约待了一周。没错，大家确实是异地办公，但我们在竭尽全力克服这个问题。

大约一年之后，公司达到了前所未有的速度。在完成了足够多的冲刺之后，我们终于摸清楚了正在做什么。我们的回顾会议从牢骚满腹变成了出谋划策，快乐的情绪多余愤怒的情绪，感谢和想法都在自由流动。团队开始变得自组织，即使考虑到其中的"纽约"个性。

我们举行了第一次完整的发布计划会议，目标是每月发布。我们留出了两个早上，7 点到 11 点的时间，这是我们和印度团队重叠的工作时间，还有为纽约团队留出来的一个下午。我带了早餐。丹尼尔再次造访，为我们提供了全程指导。幸运的是，我们的一位印度同事刚好也在场——时机至关重要，不是吗？

发布计划会议带来的压力，是我能想到的产品负责人经历的最大压力。我对一组特性的所有追求和希望，转眼间都烟消云散。控制住自己焦虑和恶心的感觉都并非易事。

我们也很聪明，为自己留出 25% 的时间作为缓冲，其中 20% 留给技术。对产品负责人来说，这是一件很痛苦的事情——为了在冲刺中留出空白，不得不削减特性，削减急需的、可供销售的业务价值。而且我们还在创建新的故事。眼睁睁地看着原本计划好的特性交付时间线越推越远，很难忍住不发火："精化的时候怎么就没想到呢？"

但我已经明白，现在就意识到无法实现，总比在 3 周、6 周或 8 周之后才得知坏消息要好。最好最初就定好预期。我也非常清楚，在技术上投资意味着获得更稳定的产品，长期维护成本会更低。在经历了 6 个多月的系统崩溃之后，我无意争论这一点了。

我们对计划做出了承诺。

在开发工作进行到一半时，回顾会议提出了另一个想法。我们将冲刺长度改为了一周。虽然有点非同寻常，但这个做法收到了效果，让我们得以避免在冲刺中添加工作。说"我觉得可以让某人下周二开始做"要比说"一周半以后开始做"容易得多。我们组希望团队能够快速响应，该做法帮助我们实现了这一点。我们的团队已经足够成熟，以至于自己做出了这个决策，并且故事也足够小，如果完成了冲刺就会纳入新的工作。

另一方面，有些事情确实一周之内无法完成，这也是需要接受的事实。我们同意接受略微的延期，但前提是在一开始就明确定义好。

到了发布计划中的最后阶段，我们按预期实现了交付。事实上，团队实现了超额交付，比最初计划完成了更多工作。

如今，我们实行敏捷已经 3 年了。也许算是成功的奖励吧，现在缩减到只有一个冲刺团队了。我们还尝试了回顾会议中的其他几种策略，它们不一定适用于其他团队。

我们实行了一种叫作"预精化"的过程，让团队的部分成员一起讨论某个故事的技术执行细节，对比各种替代方案，然后选择一个方案。接着精化该故事，由整个团队进行检查。这种做法的效果很好，因为每天都会查看和讨论故事。

我们还与其他相似业务领域团队轮换开发人员。每个季度，我们团队的一名成员会和另一个团队的一名成员互换。这样做旨在让新的想法和视角在团队之间流动，同时又不离开公司。一个团队的最佳实践可能在其他团队中收到不错的效果，也可能惨败。这种做法还让团队成员有机会学习和应用其他团队的新技术，并将其作为可能的技术解决方案引入原团队。有时我们还发现，一些工程师在其他团队以在原团队没有的方式"开花结果"了。在罕见的情况下，他们会留在自己"开花结果"的团队。这对我们来说是非常棒的实践。

不过，更重要的也许是我们对实现持续交付和部署的努力。虽然仍未完全实现，但已经越来越接近了。3 年前我最初加入时，团队每年大约部署两次，在关键时刻会另做一些小的修改，通常是为了支持客户的法律法规变更。如今，我们至少每月部署一次，并且在通过更大的改变来实现周期外的功能交付。

为了更好地和利益相关者合作，我们每周会进行一次最多 15 分钟的简短展示，并进行录像。我们会提供录像的链接，以及一份对将要交付的新修改的摘要。这份摘要简明易读，既方便内部利益相关者理解，也让他们在需要时可以用于有效地和用户沟通。这也大幅降低了和每个小组单独合作构建用户指南、编写发布说明、截屏、开展内部培训和外部用户培训等所需的时间。通过让开发人员进行演示，还让他们从对最终产品的主人翁意识中获得了自豪感。

虽然我们的敏捷之旅可能和你的不同，但对于刚刚开始这段旅程的人们，甚至已经在旅程中跋涉很久的人们，我的建议是保持耐心。敏捷和 Scrum 不在于单独的领导，也不在于命令，而在于自我成形和规范化的团队、倾听、共同工作、共同成长、快速失败，回顾反思，并以团队为单位采取行动。这需要在构建团队的动态和关系上大力投入。优秀的团队，成员相互关心，无论在年龄、距离、文化、经验等方面有何差异。在团队建设上大力投入，持续提供支持，提出新机遇的挑战，并对团队的想法保持开放心态。对团队的培养会为团队和用户带来可观的成果。坚持原则，但要做适合团队的事情。祝你好运！

第6章
常用的术语和定义

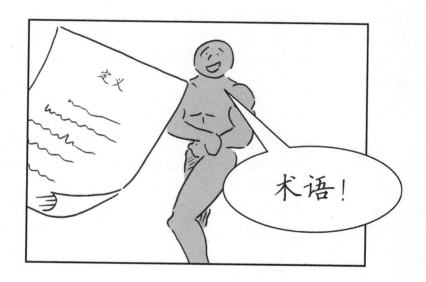

　　我收到最多的问题是关于术语和定义的，故在此附上术语表为本书内容提供词汇索引，供读者参考。

　　这份清单并非无所不包，而是根据我的经验，整理了敏捷中常用的术语。

CEC

　　CEC 认证复杂精妙、颇具声望，也是 Scrum 联盟中最高等级的认证。申请人必须证明自己采用远远超出基础 Scrum 实践的各种概念和准则，在整个组织和企业中从事指导工作。训练有素的企业教练会从企业内系统的角度思考：在微观层面上自成系统的各个部分，如何通过集成和合作形成宏观层面的较大系统。这样的教练还经常在指导方法中借鉴企业发展心理学和社会学中的概念。CEC 会着眼于企业文化，关注各种因素如何影响和定义文化，以及 Scrum 实践需要怎样的文化支持。CEC 申请人会经过同行评审，并且 CEC 社区具有人人均等的权责分配，对成员也非常尊重。

CSM

由 Scrum 联盟创建并维护的一项 Scrum 主管入门级认证。CSM 的实践范围涉及对单个团队的指导、辅导和帮助，也就是说，CSM 不需要领导涉及诸如规模化、分布式团队、产品组合管理等问题的企业级敏捷转型。CSM 的职责是帮助所服务的 Scrum 团队成为高绩效团队。

CSP

CSP 已经成功完成了基础认证（CSM、CSPO、CSD）中的一种或多种，并且拥有丰富的 Scrum 实践经验。他们还按照认证的 SEU 要求，在入门级课程之外进行了学习。CSP 能够指导多个 Scrum 主管、产品负责人和开发团队，合理地指导和推动多团队开发工作，领导大型企业中一个业务单元或部门的敏捷转型。

CSPO

由 Scrum 联盟创建并维护的一项产品负责人入门级认证。CSPO 的实践范围是担任单个 Scrum 团队中单个开发团队交付的单个产品的产品负责人。CSPO 不需要同时负责多个产品，也不需要负责多个团队合作交付的产品，更不需要负责通常称为"规模化"的其他企业结构。这些高级的主题和概念需要经验丰富的 Scrum 教练进行指导和辅导。最终，在具备相应水平的专业能力之后，CSPO 可以申请 Certified Scrum Practitioner 认证，证明认证者除了接受过课堂培训，也拥有实际经验。

CST

培训师具有 CSM 和 CSPO 课程的授课资格。他们对各种 Scrum 流派和概念了如指掌，能够开展针对 Agile/Scrum 的课堂培训。认证过程采用同行评审的形式，由 CST 组成培训师认可委员会（Trainer Acceptance Committee）。申请人需要提交课程材料、推荐信，以及其他对培训能力的证明。达到申请标准后受邀参加面试，当面回答问题，并现场演示培训。

Forte 原则

简单来说就是："别再拖延了！"Forte 原则强调，如果需要做出关键决策，最佳方法就是采取最为大胆和自信的方式，迎头而上。例如，面对大量观众发表演讲时，一种做法就是讲一些令人震惊的事情。

INVEST

Bill Wake 在其 2003 年发表的文章"INVEST in Good Stories and SMART Goals"中提出的一

个首字母缩略词，针对产品待办列表项提供了一些高层次的指导原则。这几个字母分别代表独立的（independent）、可协商的（negotiable）、有价值的（valuable）、可估算的（estimable）、小的（small，或者说适当大小的），以及可测试的（testable）。

PDCA 循环

也称戴明环。PDCA 代表计划（plan）、执行（do）、检查（check）、处理（act），描述了一种循环式方法，用于做工作并接收关于产品和工作表现的反馈。这种反馈循环有助于建立一种经验过程，专注于检视和调整，而不是无论过程中出现什么情况都遵循事先制定的详尽计划。

Scrum

Scrum 由 Jeff Sutherland 和 Ken Schwaber 创建，是一种提高产品开发透明度的经验性方法，注重检视和调整以定期获得顾客反馈。Scrum 这个名字来源于橄榄球中的一种争球阵型，旨在强调该框架的凝聚力。此外，Scrum 还受到了 Takeuchi 和 Nonaka 于 1986 年发表在《哈佛商业评论》上的文章 "The New New Product Development Game" 的影响。

Scrum 板

修改和简化后的看板的另一种叫法。Scrum 板一般只包含 3 种工作流状态（或者其变形）：待办、进行中和已完成，并且不具有看板方法中要求的"进行中工作"数量上限。

Scrum 团队

产品开发的核心，包含 3 个独立而平等的角色：产品负责人、开发团队和 Scrum 主管。这 3 个角色都在 Scrum 团队中全职工作，以免出现优先级冲突。虽然这些角色的职能不同，但根据产品开发的宗旨，没有一个角色能够独立运作，交付质量和价值是各方共同的责任。

Scrum 主管

Scrum 团队中的一个角色，负责清除一切障碍，确保整个 Scrum 团队拥有所需的全部东西。Scrum 主管的责任横跨了许多角色，例如教练、顾问、拥护者、保护者、捍卫者、导师、教师、领导者、服务者等。Scrum 主管若想为团队提供最好的服务，就需要全心投入到 Scrum 团队中，来让这个团队变得更优秀。

SMART

一个首字母缩略词，常用于将目标或任务描述为明确的（specific）、可衡量的（measurable）、可分配的（assignable）、可实现的（realistic）和时间相关的（time-related）。这些字母对应的形容词有许多变体，有些变体甚至违背了 SMART 的原意。Bill Wake 在"INVEST in Good Stories and SMART Tasks"这篇经典文章中提出了这个首字母缩略词。

Snyder 模型

关于群体在不同的关系和动态下如何互动的一种观点。Snyder 模型的核心概念是建立实践社群，这种社群更持久，自主互动性也更强，因此更容易产生有机互动、计划外的发现和创新等。

Sprint Zero

某些团队遵循的实践，把准备工作放在产品开发生命周期的第一次"冲刺"，这次冲刺不会创造任何实际的顾客价值。这样做通常是由于团队不想因为没有提供任何顾客价值而受到惩罚，或者是由于团队不会因为所做的工作而得到奖励。

Stacey 模型

从一致性和确定性这两个维度描述企业结构复杂度的一种方法，衡量一致性和确定性的确切参数往往取决于该图的具体版本。从敏捷的角度来看，该图经常用于说明大多数企业并不简单，而是属于"费解"的范畴。因此，相比 PMBOK 指南中提到的 SDLC、瀑布式开发、传统项目管理等完全定义的过程，Scrum 这样的经验过程更能让组织受益。Ken Schwaber 和 Mike Beedle 的 *Agile Software Development with Scrum* 一书首次在 Scrum 的语境中引用了该模型。

阿伏伽德罗常数

1 摩尔的特定物质中所含粒子数，用于化学和物理学中，取值为 6.022×10^{23}。此概念与敏捷或 Scrum 无关，只因我喜欢科学。

变更管理

按照产品开发的要求来做出改变的过程或机制。在定义过程控制（defined process control）中，变更管理过程非常正式和结构化，需要大量文档和正式的签收等，通常非常耗时。在经验过程控制（empirical process control）中，变更管理过程要轻量得多，能够基于频繁的检视和调整，做出小而快速的改变。此外，在 Scrum 中，变更管理主要是通过产品负责人的待办列表精化工作实现的，因此会在产品和冲刺的生命周期中持续进行。

测试驱动开发

一种软件开发方法，注重编写用于确保代码符合特性验收标准的自动测试。接着会执行测试，由于还没有代码，因此测试会全部失败，而编写代码是为了通过测试。然而由于很难一步到位，因此测试会再次失败，于是会继续代码，不断重复这个过程，直到所有测试全部通过，这时就说明代码符合验收标准了。

产品 demo

通常在冲刺评审会议中进行，但只是冲刺评审会议的一部分，用于展示冲刺期间创建的产品增量，以便让在场的利益相关者进行检查并提供反馈。产品 demo 也是产品负责人检查产品增量的正式场合。

产品待办列表

列出了特性、缺陷等产品开发和维护相关项目的清单。这份清单按照价值进行排序，最有价值的项目列在最上面，其次是第二有价值的项目，以此类推。项目还包含了相应的验收标准和估算，至少对于那些可以纳入冲刺的项目来说如此，在理想情况下，发布所需要的全部项目都应如此。

产品待办列表项

产品待办列表中的各种项目，可能包括新特性、缺陷、支持请求、技术债、团队改善，以及其他和产品相关的价值增量。产品待办列表项可以采用不同格式，其中最常用的格式是用户故事。一些企业采用用例格式来表示产品待办列表项，效果也不错。

产品负责人

Scrum 团队中的 3 个关键角色之一，代表顾客/客户以及企业的业务方。产品负责人必须有权对自己负责的产品做出日常的执行决策，也必须和顾客有直接联系，以便将顾客的需求和想法转换为产品待办列表项。

产品经理

单独负责为产品确定方向的人。产品经理会通过市场调研和趋势分析这样的分析方法，有时也会和顾客群体或细分市场的顾客直接交流，获得实际的意见。产品经理通常会制定战略，并且为项目经理和项目团队提供"做什么"方面的指导。该角色和产品负责人不同，后者与开发团队合作，确保最终产品能够交付最高的顾客价值。

产品路线图

一种高层次的规划，概述了目标、应用程序的重点，以及全年中各个发布所服务的用户类别。

产品路线图通常每季度或者每次发布后更新一次,以提供关于其他各个发布的新信息。移动时间窗口是一年,例如路线图总是会涵盖 12 个月内将进行的发布。

产品生命周期

产品的生命周期本质上是不明确的,所有产品开发者都希望自己的产品能够存续 10 年、15 年、20 年,甚至是 30 年。例如 Windows 已经存在了 30 多年,经历了很多修补和各种版本。也许有一天,微软会让 Windows "退休",用一个完全不同的产品取而代之。产品生命周期中会有许多项目。

产品愿景

对产品本质的一种高层次描述,可以涵盖市场、核心优势、关键客户、产品所属的商品/服务类别、竞争对手等。在难以阐述产品的关键特征时,产品负责人经常会使用杰弗里·摩尔的《跨越鸿沟》一书中的电梯游说模板作为创建产品愿景的入手点。

持续部署

类似于持续集成,但该过程并不只是简单地把代码集成到主分支就结束了。每次代码签入之后会经过持续集成的处理,然后继续完成其他测试和验收环节,并投入生产。通常以自动化的方式进行。

持续集成

在每次代码签入时都把代码集成到主分支,而不是把这些代码改动积攒到将来的某一天统一进行集成,这种实践称为持续集成。在提交改动之后会进行集成测试和回归测试,确保新代码和现有代码相容。大多数情况下,整个过程是自动进行的,只需要非常短的执行时间,并且能够减少人为因素引发的错误。

冲刺

在产品开发工作中,重复进行的固定长度时间盒或迭代。在冲刺过程中,团队会根据自己选择的产品待办列表项来交付顾客价值。冲刺的结果是一个可发布产品增量,每次冲刺的可发布产品增量都会添加到总体可发布产品增量中,直到产品负责人决定发布总体可发布产品增量。

冲刺回顾会议

Scrum 中的正式活动,在该活动中,Scrum 团队对所做的工作、上一次冲刺中发生的事件、工作协议、完成的定义，以及其他重要的团队动态进行反思，分析哪些事情做得好，哪些事情做得不好，下一次冲刺可以尝试什么改善实验。冲刺回顾会议的时长应该与冲刺长度成正比，公式为：冲刺回顾会议时长 = 1 小时/一周的冲刺。

冲刺计划会议

Scrum 中的正式活动，在该活动中，Scrum 团队会确定产品待办列表中对顾客最有价值的项目，以及下一次冲刺中可以完成的项目。此外，他们还会确定能够反映冲刺工作的冲刺目标。冲刺计划会议的时长应该与冲刺长度成正比，公式为：冲刺计划会议时长 = 2 小时/一周的冲刺。

冲刺目标

对冲刺中计划完成的内容的阐述，而不只是一组随机选择的产品待办列表项。冲刺目标有助于确保整个 Scrum 团队达成一致，并让他们能够快速而轻松地将冲刺目标传达给其他利益相关者。

冲刺评审会议

Scrum 中的正式活动，在该活动中，Scrum 团队与利益相关者分享冲刺目标是什么、冲刺目标是否实现、冲刺待办列表中有哪些特性、哪些特性没有完成（如有），解释没有完成的原因，并进行产品演示，根据冲刺待办列表和冲刺目标展示所交付的功能。这是产品负责人对冲刺待办列表项进行验收的正式场合。冲刺评审会议的时长应该与冲刺长度成正比，公式如下：冲刺评审会议时长 = 1 小时/一周的冲刺。

冲刺燃尽图

这种图在冲刺生命周期的不同阶段展示剩余的工作量。有多种单位可用，例如使用任务时最常用的小时数、任务数、故事点或产品待办列表中的用户故事数等。

冲刺燃起图

这种图展示了到目前为止已完成的特性，即累积交付的功能量。从业务角度来看，该方法有助于评估能否向顾客交付足够的价值。

待办列表

待办列表是有序的项目列表，按照价值或重要性由高到低的顺序，列出了想要开发的项目。由于经过排序，因此列表清楚地显示什么在先、什么其次，什么再其次，以此类推。与之相对的是优先级方法，使用一些优先级类别（例如高、中、低三类），会有多个项目被划到同一个类别中。

待办列表精化

一项持续进行的活动，由产品负责人增添、删除、移动项目，或者将项目拆分为更小的项目。产品负责人还会添加验收标准，让开发团队知道完成项目所需条件，以便估算该项目的工作量和复杂度。

邓巴数字

一个人能够维系的由家人、朋友和同事构成的关系网络（了解与网络中每个人的互动和关系）最多只能包含 150 ~ 200 人。该原则可用于确定开发同一个应用的业务单元或部门的最大规模，即不超过 150 ~ 200 人。按照 Scrum 中推荐的 5 到 9 人的开发团队规模，这就相当于 15 ~ 20 个团队。

电梯游说

简单陈述产品的目标、价值、特性、核心优势、竞争者等因素，从而让利益相关者明白产品的情况。"电梯游说"这个叫法是为了强调陈述应简明扼要，在短时间内表述清楚想法。

发布

当产品负责人认为产品增量有足够的价值可以向顾客交付时，会将产品增量发布到生产中。发布的规模和频率不尽相同，例如对于某家企业来说，每次冲刺发布一个产品增量可能是合理的，而对于其他企业，从业务角度来看，每 3 次冲刺发布一次可能才是合理的。有些企业每季度发布一次，有些企业则根据范围而不是日期来发布。在后一种情况下，会在获得了最小可行产品之后部署一个最初的发布，然后战略性地将未来发布的目标设定为一些特性集，在完成了这些特性集之后进行相应的发布。

发布待办列表

产品待办列表中的发布目标。如果发布是由日期驱动的，发布待办列表中就包含估算的可能完成的范围；如果发布是由范围驱动的，发布待办列表就是固定的，但发布日期会是估算的。待办列表中只有用于发布的部分才拥有验收标准和估算，任何超出下一次发布范围的项目都具有很大的不确定性，所以在此之前，不应该浪费时间琢磨验收标准和估算。

发布计划会议

在该活动中，产品负责人和开发团队会在 Scrum 主管的帮助下合作，确定要发布给顾客（投入生产）的项目。发布可以由日期或范围来驱动。在发布计划会议中，Scrum 团队会确定驱动因素是由固定功能集所代表的最小可能产品决定，还是由交付日期决定。同时知道确切的范围和确切的交付日期是不可能的。

发布燃尽图

这种图展示了在给定发布总规模的情况下，以剩余规模为零作为目标的进度。每次迭代之后都会更新发布燃尽图，展示需要完成的产品待办列表项的剩余规模。发布燃尽图可以采用各种单位，例如故事点、理想日，或者产品待办列表项的数量。

斐波那契数列

一个无穷的数字序列，其中每两个相邻数字之和等于第 3 个数字。这个数列的开头是 0, 1, 1, 2, 3, 5, 8, 13, 21, 34, …，调整后的斐波那契数列广泛用作产品特性相对大小的评估标准，数列中的每个数字都比相邻的数字大很多或者小很多。斐波那契数列经常用作"计划扑克"（也称"估算扑克"）活动中的纸牌点数。

分布式团队

根据"敏捷宣言"中的原则，面对面交流是最佳沟通方式。为了实现最大程度的面对面沟通，团队需要同地办公。不在同一个地点的团队称为分布式团队，称"分散式"可能更贴切。"同地"也分程度：所有人都在同一个"团队房间"、在同一个办公区、在同一层、同一楼、同一个园区、同一个城市、同一个州、同一个时区、同一个国家、同一个大洲、同一个星球。相较同地办公团队，分布式团队会遇到更多问题，通常和沟通有关。即便对于同地办公的团队来说，团队动态也已经够难了，而分散式办公会让问题大大加重。

工件

任何由人创造的东西。产品是工件，代码、产品增量、测试脚本、测试用例、单元测试、用户手册、部署脚本、萨班斯法案控制、燃尽图、待办列表等也都是工件。Scrum 只规定了几种工件：冲刺燃尽图、发布燃尽图、产品待办列表、冲刺待办列表，以及可发布产品增量。

工具

为产品开发工作提供支持并帮助 Scrum 团队遵循 Scrum 实践的各种物品，例如记号笔、便利贴和任务板。还有很多电子工具，以虚拟的方式提供类似于任务板、产品待办列表、故事卡等相应实体的功能。

工作分解结构

将所有特性和功能细化到工作包或任务层面，旨在能够基于"资源"进行估算。接着项目经理会利用这些资源成本和估算来计算每项任务的成本，最后得出项目的总成本。

工作协议

一套非常轻量的基本规则，用于在团队之间或者与其他团体之间（例如客户和顾问）建立协议。工作协议用于确保每个人都清楚哪些做法是预期之中的、哪些做法是惯常的、哪些做法是可接受的。例如工作协议中可能会说明每日 Scrum 站会何时举行，如果有人迟到了怎么办，如果 Scrum 主管不在由谁来替代，产品负责人是否参加每日 Scrum 站会，以及 Scrum 中的其他许多因素。明确的工作协议能够减少团队中的很多烦恼和冲突。

古德哈特定律

根据该定律，指标一旦成为目标，就不再是有用的指标了。如果一家企业使用产品中发现的缺陷数量作为测试人员的绩效指标，以此决定他们的奖金，那么测试人员一定会把一些不必要的缺陷也记录下来。由于包含了这些无关痛痒的缺陷，缺陷数量就不再是产品质量的一个合理指标了。

故事

用户故事的简称，用于指代产品待办列表项，尽管用户故事只是产品待办列表项的一种形式而已。

故事点

一种估算方法，使用点数来表示项目之间的相对大小关系，项目的大小通常指复杂度。通常会使用修改后的斐波那契序列或者 2 的 N 次幂。

顾客

从产品中直接获益的群体或个人。顾客来自企业内部或外部，可以是定制产品所服务的客户，也可以是根据大众需求设计的产品所服务的大量用户。如果顾客群体数量庞大，可能需要细分市场，理解关键特性和需求优先级，从而了解投资的最大回报所在。"顾客永远是对的"这句话是有瑕疵的，因为很少只有一位顾客，顾客群体也很少会在需求上完全一致。

规模化

该术语广泛用于指代在需要多个开发团队的大型复杂产品开发工作中应用 Scrum。

黄金圈

一种对产品总体创建过程的形象化展示。圆圈中心首先是"为什么",然后向外扩展到"做什么",最终解决"怎么做"。这个概念是由 Simon Sinek 在他的 *Start with Why: How Great Leaders Inspire Everyone to Take Action* 一书中提出的,有助于理解业务方(产品负责人)和 IT 人员(开发团队)的不同关注点。他们最好分别专注于"为什么/做什么"和"怎么做"。

基尔霍夫定律

从一个节点的各个分支流出该节点的电流,一定等于从各个分支流入该节点的电流。这条定律和敏捷或者 Scrum 没有任何(特别的)关系,只是为了看看读者是否走神。

极限编程

一种专注于工程实践的软件开发方法,以迭代式和增量式的方式创建产品。该方法包含测试驱动开发、结对编程、持续集成、系统隐喻等很多模式。

计划扑克

使用印有估算单位的卡片进行估算的一种方法,让参与者在无准备的情况下同时对价值进行表决,而不是每个人逐一公布自己的价值判断,后一种做法会让后说的人受到锚定效应的影响。计划扑克牌中同时亮牌的做法确保了能够得到真实的估算,避免大家的想法被"专家"或者权威人士的看法主导。

技术债

技术债虽然有多种形式,但最终的结果都是相同的:累积的工作会影响团队将可工作的软件交付生产的能力,就像信用卡的债务不断累积,用光了额度,必须要偿还了。

教练

教练与个人和团队合作,帮助他们完成更多成果(相比于独立完成)。类似于职业体育队,即便是经验丰富的开发团队也需要指导,因为他们通常专注于执行和交付,无暇顾及对绩效产生影响的更大的系统性因素。体育教练不是选手,因此能够全心关注赛况,而不是专注于交付。

结对编程

按照这种实践,两名开发人员会紧密合作,其中一人编写代码解决问题,另一个人负责检查和测试。通常两个人会在开发下一个特性时互换角色。这项实践有些违反直觉,因为由两个人同时开发同一个东西似乎是一种浪费，但实际上这样得到的代码质量很高，很少返工，两个人同时工作反而能节省成本。

进行中工作

看板系统工作流状态中的一个属性，表示项目正处于该状态。在非常简单的工作流（例如待办、进行中和已完成）中，进行中工作本身也可以是一个状态。

经理

在企业中对其他人的业绩和执行情况负责的人。经理根据其职能领域或者专业背景雇用直接下属。经理负责指导、评估和管理下属，往往不参与实际交付工作，而是监督下属工作。

经验过程控制

与完全定义的过程相反，经验过程依赖可视性（透明性）、检视和调整，形成较小的、易于管理的计划，并设法验证假设。例如，拥有验收标准的产品待办列表项就是在假设顾客会觉得什么特性有价值，但不是完全定义的实现计划。该特性会在冲刺中进一步完善，最终的结果会通过冲刺评审会议中的正式验收来验证是否符合顾客预期。在定义过程（例如 SDLC 或瀑布式开发中），特性的全部细节在该特性的编码工作开始之前就定义好了，目标是在最初就考虑到全部可能的意外情况和局面。

净推荐值

衡量产品受欢迎度和宣传程度的指标。首先记录以下问题的回答："您有多大可能愿意将该产品推荐给他人？"然后用积极分数所占的百分比减去消极分数所占的百分比，计算出净推荐值。假设有 20 位受访者，5 位给出了 9~10 分，13 位给出了 7~8 分，2 位给出了 0~6 分，那么净推荐值 = 25% − 10% = 15%。

绝对估算

估计特定任务或特性的成本或时间，就是在进行绝对估算。也就是说，绝对估算是基于绝对标准为具体项目赋予一定的数值，这一点与相对估算相反。

开发团队

跨职能、自组织的团队，团队成员的积极性很高，以企业家的方式进行合作，完成创造性的工作，向顾客交付产品价值，从而确保团队成功。传统上，开发团队由 5 到 9（7±2）名成员组成，这样的团队既拥有足够的技能来生产可发布的产品代办列表项，各成员也都清楚他人的开发情况。在产品生命周期中，成员们会在单个 Scrum 团队中全职工作，以便最终成为高绩效团队。

看板

"任务板""Scrum 板""敏捷板"和"看板"这几个词的含义基本相同：首先定义一个工作流，例如待办、进行中和已完成，然后跟踪项目进度。实际上，图表若想符合"看板方法"，每个工作流状态都必须具有"进行中工作"数量上限，但看板这个词一般和任务板的含义相同。

看板方法

通过定义工作流状态并为每个状态指定"进行中工作"数量上限，将推动式系统转变为拉动式系统的一种系统。只有快速队列中的任务可以无视"进行中工作"数量上限，而快速队列本身也具有"进行中工作"数量上限，并且是绝对上限。诸如周期时间和前置时间之类的指标有助于理解工作在工作流中从一个状态移动到另一个状态所需要的时间，这些指标旨在找出瓶颈，以便进一步分析。还有一种名为"累积流图"的图，有助于找出阻塞点，并以图形化的方式展示前置时间和周期时间。Kanban 本身是个日语词，意为"卡片"，指的是用于负责任地进控制流的信号机制。

可发布产品增量

从第一次迭代开始交付的特性，可以完整运行、展现顾客价值，并能投入生产。这些特性虽然可以被顾客使用，但不一定能让顾客满意，因为对顾客来说产品还并不完整。因此，每一次迭代（冲刺）会为整个产品交付额外的一个增量或者一些价值，以便完善产品。经过多次迭代/增量，在某个时间点，业务方（产品负责人）会决定发布产品，并且不需要任何延迟或者额外努力，因为每次迭代都保证了整个产品是可发布的。

跨职能

开发团队作为一个整体，如果拥有在每次冲刺中生产一个可发布产品增量的全部所需技能，这样的开发团队就是跨职能的。为了达到"可发布"的标准，产品增量必须满足"完成的定义"。跨职能通常需要不同的技能，涵盖编写代码、测试、数据库、UX 设计、服务、文档专员、业务分析师，等等。可能团队中的不同成员拥有不同的技能，也可能一名成员具备多种技能。

累积流图

展示看板工作流的每个状态中项目数量随时间变化的图。累积流图可能有助于了解项目通过特定状态或者整个系统的（平均）时间，也有助于发现阻塞点（妨碍系统内流动之处）。

理想日

一种估算单位，表示如果没有任何附加活动、中断等情况，团队可以全心专注于特定任务或特性，那么某件事会花费多少时间。例如在理想情况下，开发团队可能需要两天时间来完成一个特性，但由于会议、中断等活动，完成特性所需要的时间可能会是 3 ~ 4 天。

利益相关者

产品、项目或类似的事业中的利益追求者。内部利益相关者可能是企业内部负责相关工作的人，外部利益相关者在企业之外。内部利益相关者可能包括高管、销售人员、营销人员、内部顾客等，外部利益相关者可能包括供应商、合作伙伴、外部机构、顾客、客户等。最关键的利益相关者是定义需求的人（通常是产品负责人）和实施解决方案的人（开发团队）。

每日 Scrum 站会（Daily Scrum）

在该会议上，整个 Scrum 团队会简短地讨论产品开发工作状态。传统上，开发团队会讨论自上一次会议以来完成了什么、下一次会议之前计划完成什么，以及可能阻碍冲刺待办列表项目完成的任何事情。Scrum 主管扮演促进者的角色，组织每日 Scrum 站会，让团队专注于议程和会议目标，并记录会上提到的所有障碍，以便帮忙解决。产品负责人会旁听工作进展，并根据最新信息判断团队能否实现冲刺目标。会议时长不应超过 15 分钟，这样可以为传统的每周状态会议留出时间。团队不需要两种会议都参加，只参加每日 Scrum 站会即可。团队通常会使用停车场图来记录不需要团队所有成员的想法和意见的主题，以及在"3 个问题"范围外的主题。

每日 Scrum 站会（Daily Standup）

Daily Scrum 的另一种说法。团队们会站着举行 Daily Scrum，以此强调会议应该简短。人们在站立超过 15 分钟之后通常会感到不适，所以用这种做法强调该会议应该简明扼要。

（每周）状态会议

一种传统会议，一群人聚到一起沟通这一周的工作内容，以及任何问题和风险等。状态会议通常在每周最后一天的下午或者下周一的下午召开。这种会议的有效性值得怀疑，因为在这一周期间几乎没什么机会做出改变或者处理遇到的风险和问题。此外，由于过于正式，状态会议通常会导致繁复的报告和准备工作，使得与会者更关注自己要讲的内容，而不是会上都说了什么，进而失去大局观。状态会议的时长通常在一到两小时。

米勒定律

心理学上的一种观点，认为人的大脑能够同时存储 7 ± 2 条能够立刻唤起的记忆。Scrum 团队规模也采用了这条原则，旨在让团队成员时刻关注进行中的工作，即在任何给定时刻，他们都能立即知道团队其他成员在做什么。

敏捷

面向变化、合作、顾客满意和持续创新，追求盈利能力的一套价值观和原则。

帕金森定律

这种观点认为，工作倾向于把所分配的时间盒占满。如果给某人两天时间完成一项任务，最终就会需要两天，如果给他们一天来完成同样的任务，就会只需要一天。教练和 Scrum 热衷者们用这个概念强调应该保证并强化冲刺时间盒的完整性。也就是说，不应该扩展时间盒，否则团队就会想："不用担心，如果进度落后就扩展冲刺呗。"

排列公式（沟通线路数）

若想知道一组人（例如一个团队）中各个节点之间存在多少条沟通线路，可以使用排列公式：$(n - 1)n / 2$。根据该公式，当团队规模增加时，沟通线路的数量会呈二次方增长，以至于进行日常的一对一沟通是不可行且无效的。

瀑布式开发

通常指面向阶段的单次式软件开发方法。在瀑布式开发工作流中，每个阶段的工作与其他阶段是隔离的，经常还有正式的签收流程。这有点类似于瀑布的不同水位，正如水永远无法逆流到更高水位。

强化冲刺

一般被视作不良实践。强化冲刺用于进行诸如集成、测试、编写文档、规划、性能测试、架构设计之类的活动。通常的最佳实践是"慢即是快"，即与其采用强化冲刺，不如创建更严格的"完成的定义"，包含获得可发布特性所需的全部东西，即使乍看之下团队的效率变低了。事实上，团队是在减少技术债，而不是首先堆积技术债，再在所谓的"强化冲刺"中偿还，并且在此过程中几乎没有交付任何顾客价值。

亲和分组

按照主题或者相似概念对项目进行分组。相关度较高的项目会离得较近，相关度较低的项目会离得较远。该方法适用于确定讨论主题。

亲和估算

不对每个项目都进行深入讨论，而是相对快速地估算大量项目。在项目被充分理解（经过讨论）、拥有验收标准等的情况下，这种方法效果最佳。团队会按照由小到大的顺序把这些项目贴在墙上，然后根据估算单位数进行分组。团队只是在墙上移动这些项目，几乎不会涉及任何讨论。

权衡矩阵

一种将产品开发的 3 个因素（范围、成本和时间）按照固定的（无可妥协）、稳定的（最优化）和弹性的（无限制）这 3 种情况可视化。3 个因素中只有一个因素有可能完全确定，而在余下的两个因素中，只要有一个是无限制的，就可以优化另一个。如果范围是固定的（无可妥协），那么可以通过不限制成本来优化时间（日期）。在这种情况下，我们会愿意支付任何必要的费用，以在预期的交付日期前完成无可妥协的范围。这可能包括增加产品团队成员，或者为现有团队提供完成额外工作的奖金，以确保交付日期。

确定优先级的

通常使用高、中、低这样的重要性等级来表示优先级。如果只有几个项目需要确定优先级，可能该方法足以划分重要性了；但在项目数量达到数十或数百之后，就需要使用更细粒度的方法了，例如排序。如果有二三十个高优先级的项目，还是会不知道应该先做哪个，后做哪个。如果所有项目都属于高优先级，那对于开发团队就没有任何帮助了。

任务板

通过预定义工作流中的各种状态来跟踪待办列表项的一种方法，有时也称"看板"，但二者并不完全相同。看板（以及看板工作流）会为每个工作流状态设置一个"进行中工作"数量上限，从而让标准工作流从推动式系统变成拉动式系统。如果没有"进行中工作"数量上限，就只是一个简单的工作流。最简单的任务板包含 3 个状态：待办、进行中和已完成。

三重约束

与所有产品开发工作有关的 3 个彼此直接相关的基本因素。范围的增加会导致时间或成本增加。

时间盒

对事件的一种约束，到了规定时间之后就正式结束事件。例如长度为两周的冲刺就是一种时间盒，两周过去后冲刺也就结束了。对于长度为两周的冲刺来说，冲刺计划会议的时间盒长度为4 小时（两小时/一周的冲刺）。

输入队列

供任何人在任何时间自由且开放地向看板中添加项目的地方。这些项目没有根据优先级、价值或者顺序进行过评审或评估。在对输入队列中的任何项目进行开发之前，都需要进行讨论，由开发团队大致判断规模。在 Scrum 中，产品负责人会从输入队列中拉取项目，加入产品待办列表中。

速度

每个冲刺中交付的能够满足"完成的定义"的特性的平均数量。可以用不同的单位来衡量速度，最常用的两个单位是"故事点/冲刺"和"产品待办列表项/冲刺"。

塔克曼模型

团队动态的 4 个阶段，通常称为"组建期""激荡期""规范期"和"执行期"，出自 Bruce Tuckman于 1965 年在 Psychological Bulletin 上发表的文章 "Developmental sequence in small groups"。当团队的组成发生变化时，往往会退回到发展周期中前面的某个阶段。因此，最好将团队当作一个单元，尽量减少团队组成的扰动和改变。

停车场

一种用于调节和控制对话的技术，将超出范围的主题推后处理（可能是在同一个会议中）。通常会将白板的一个区域或者活动挂图中的一页标记为"停车场"，在遇到超出范围的主题时，与会者或促进者会将其记录到相应位置。促进者会在会议期间整理这些项目，并在散会之前得出结论，或者讨论为了处理这些项目接下来要采取的措施。

投资组合经理

负责控制投资组合资产和负债的人，他们会代表企业进行投资。投资组合中的投资工具通常会遵循某种主题或者标准。

团队

团队通常指开发团队。不过，在谈话中最好能够弄清楚讨论的到底是 Scrum 团队还是开发团队，因为开发团队的职责和 Scrum 团队的总体职责有明显区别。

完成的定义

每个冲刺的首要目标是生产一个可发布的产品增量，即可以向顾客交付实际价值的特性。为了获得实实在在的顾客价值，必须彻底完成产品待办列表项，使其处于可发布状态。"完成的定义"帮助团队所有成员在预期和理解上达成一致，以便判断是否真的完成了产品代办列表项。"完成的定义"中包含了"达到验收标准"，还可以包含许多活动，用于确保不仅完成了产品代办列表项，而且质量很高，也几乎没有累积技术债。

相对估算

相对估算采用某种标准来比较项目之间的相对复杂度，而不是像绝对估算一样从绝对标准的角度猜测数值。一般说来，会选择修改后的斐波那契数列或者 T 恤尺码作为比较标准。就理论而言，相对估算和绝对估算之间没有相关性。

项目管理办公室

在项目型企业中，项目管理办公室（project management office，PMO）的职责涵盖评估项目章程、确定投资回报率、分配资金，以及与项目和项目群有关的其他战略管理职能。不是所有企业都有项目管理办公室。

项目经理

传统上，项目经理负责跟踪项目相关工作的范围、成本和时间。项目经理对各种项目管理实践非常在行（这些实践通常是由 PMI 的项目管理知识体系所概述的），但不要求掌握任何与实际开发的产品或服务相关的知识。

项目群经理

在传统的项目管理中，项目群经理负责一系列项目，这些项目拥有共同的目标，在高层次上也同享预算。项目会遵循战略提案，并据此获得资金。这种模式试图把战略提案映射到项目层面的工作并进行跟踪。

项目生命周期

项目有明确的起始和结束，也有明确的范围和成本。为了敏捷产品管理的目的，产品负责人可以使用项目作为保障产品开发工作资金的方法。因此，可能会有各种形式的项目：每月、每季度、每年、每冲刺、每发布，等等。

信息发射源

在团队房间、走廊等办公区域公开展示的表、图等项目，用于向观者传递信息。正如暖气是固定不动提供热量的，想要取暖，可以靠近暖气，沐浴在它的能量中。和通过电子邮件推送的报告或者人们主动查询的报告/关键绩效指标不同，信息发射源是在被动地分发信息。

验收标准

简短陈述的一些条件，仅当满足这些条件时，产品负责人才会认为特性完成了。例如输入在夏威夷的 15 999 美元的汽车标价，能够得到包含相应的联邦税、州税和地方税的 22 761 美元总价，这个特性就算是完成了。没有验收标准的特性是不完整的。

验收测试驱动开发

使用产品负责人编写的验收标准来驱动自动化单元测试的创建，然后将这些单元测试用作测试驱动开发的基础，从而确保技术卓越和顾客满意的一种方法。市面上有些工具能够解析纯文本格式的验收标准并自动将其转换为用于测试驱动开发的测试，因此产品负责人不必精通技术。

业务发起人

在由单人承担该项职责的企业中，是指某个产品的资金负责人，即"签支票的人"。在较小的企业中，产品负责人可能也是业务发起人；但在许多企业中，业务发起人多是高管，不会"亲力亲为"地创建产品待办列表项，也不会每天都有时间为开发团队排忧解难。

易化

人们在聚到一起开展讨论时，如果参会者各持己见并积极发言，通常就很难遵循议程了。促进者负责确保团队围绕议程展开讨论并取得进展，该角色可以让所有会议和活动受益。促进者的另一项工作是打开、维持和关闭空间。训练有素的促进者会使用多种技术和方法来指导和引导团队，同时不对他们施加任何影响。

用户故事

一种创建高层次产品需求的方法，包含了最相关的业务案例问题的信息：谁、做什么、为什么。目前使用最广泛的格式是基于 Connextra 的一个团队于 2001 年创建的模板。用户故事的最终目标是确立对特性的愿景，从而开始开发，并且理解特性完成的判断标准。当然，更相关、更贴切的细节会在特性的创建过程中浮现。

用例

可用于回答某个特性相关问题的模板，以便该特性的交付团队了解人们的期望。用例可能包含以下具体内容。

- 用例名：用主动式动词短语来描述主要参与者的目标。
- 主要参与者。
- 目标概述。
- 范围。
- 级别。
- 利益相关者和利益。
- 前置条件。
- 最小保证。
- 成功保证。
- 触发事件。
- 主成功场景。
- 扩展。
- 技术和数据变体列表。
- 相关信息。

有序的

按照价值对项目从#1 到#n 排序的列表，例如产品待办列表。与之相对的是"确定了优先级的"，后者通常意味着按照更宽泛的重要性（例如高、中、低）进行分类，导致可能会有许多高优先级的项目，这对于确定先做什么、再做什么，然后做什么来说没有帮助。

约束理论

该观点认为，至少有一项约束（通常更多）是不可避免的，因此必须找出这些约束，然后根据这些约束来构建并优化系统。

障碍

阻碍目标完成或者目标完成进度的事情，也称"阻碍""路障""问题"等。Scrum 主管会帮开发团队成员清除障碍，从而让他们可以继续开发其他特性，或者帮助正在开发其他特性的其他人。

终端用户

从产品中实际获得价值的个人或群体。终端用户通常有一些问题待解决，并且希望机器（计算机）帮助解决。这些问题可能是需要执行重复性的任务、存储大量数据、以远超人类的速度进行计算，等等。用于指导机器的指令就是软件产品。

重构

通过去除不必要的空格和注释、设计欠佳的逻辑结构、嵌套循环等导致代码性能下降的模式来改进代码。从用户的角度来看，除了或许能够感觉到效率和性能上的提升之外，整体功能没有任何变化。在整个产品开发生命周期中，定期重构属于良好实践。这好比是在做饭时保持厨房的清洁，而不是做好一顿饭菜之后再收拾厨房，后一种做法不仅工作量巨大，而且在做饭的过程中，脏乱的东西可能会影响食材的纯度。

周期时间

在看板工作流中，项目在特定状态中花费的时间。通常代表团队开发该项目的实际时间，而不是项目在系统中的等待时间。

自我管理

这种观点认为，人们在能够管理自己的时候（而不是由上级管理），积极性最高。在自我管理的团队中，人们彼此监督，力求团队完成目标。

自组织

自组织的团队会根据技能、可用性和工作顺序来分配工作。有人把"自组织"和"自我管理"当作同义词，虽然它们之间有一定关联，但自组织更多地和执行有关，而不是和治理或团队结构。

第 7 章
更多图书供进一步探索

在我担任教练、培训师或企业老板的这些年，本章列出的书对我的成长产生了深远影响，我从中学到了很多东西。这份清单力图面面俱到，当然，读完了这些书，在学习之旅中还有上百本书等着你继续阅读。请访问 InformIt 官网获取 Addison-Wesley 和 Prentice Hall 图书和视频的相关信息。

- ❏ 理查德·班菲尔德，C. 托德·隆巴多，崔斯·瓦克斯. 设计冲刺：5 天实现产品创新.
- ❏ Andrew Stellman, Jennifer Greene. 学习敏捷：构建高效团队.
- ❏ 丽萨·阿金斯. 如何构建敏捷项目管理团队：ScrumMaster、敏捷教练与项目经理的实用指南.
- ❏ David J. Anderson. 看板方法：科技企业渐进变革成功之道.
- ❏ Jurgen Appelo. Management 3.0: Leading Agile Developers, Developing Agile Leaders, 2011.

❑ Alan Axelrod. Patton on Leadership: Strategic Lessons for Corporate Warfare, 1999.

❑ 小弗雷德里克·布鲁克斯. 人月神话.

❑ 马库斯·白金汉，柯特·科夫曼. 首先，打破一切常规：世界顶级管理者的成功秘诀.

❑ 迈克·科恩. 敏捷软件开发：用户故事实战.

❑ 迈克·科恩. 敏捷估计与规划.

❑ James O. Coplien, Neil B. Harrison. Organizational Patterns of Agile Software Development, 2005.

❑ Stephen Denning. The Leader's Guide to Radical Management: Reinventing the Workplace for the 21st Century, 2010.

❑ 埃斯特·德比，戴安娜·拉森. 敏捷回顾：团队从优秀到卓越之道.

❑ 乔舒亚·福尔. 与爱因斯坦月球漫步.

❑ 丹尼尔·戈尔曼. 情商：为什么情商比智商更重要.

❑ Robert K. Greenleaf. Servant Leadership: A Journey into the Nature of Legitimate Power and Greatness, 2002.

❑ 吉姆·海史密斯. 敏捷项目管理.

❑ Ron Jeffries, Ann Anderson, Chet Hendrickson. 极限编程实施.

❑ Bill Joiner, Stephen Josephs. Leadership Agility: Five Levels of Mastery for Anticipating and Initiating Change, 2006.

❑ 诺曼 L. 克尔斯. 项目回顾：项目组评议手册.

❑ Austin Kleon. Steal Like an Artist: 10 Things Nobody Told You About Being Creative, 2012.

❑ Jochen Krebs. Agile Portfolio Management, 2008.

❑ Alfie Kohn. Punished by Rewards: The Trouble with Gold Stars, Incentive Plans, A's, Praise, and Other Bribes, 1999.

❑ 雷·库兹韦尔. 如何创造思维：人类思想所揭示出的奥秘.

❑ Craig Larman, Bas Vodde. 精益和敏捷开发大型应用指南.

❑ Judith Hanson Lasater, Ike K. Lasater. What We Say Matters: Practicing Non-Violent Communication, 2009.

❑ Dean Leffingwell. 敏捷软件需求：团队、项目群与企业级的精益需求实践.

❑ Sylvia Libow Martinez, Gary S. Stager. Invent to Learn: Making, Tinkering, and Engineering in the Classroom, 2013.

❑ Jim McCarthy, Michele McCarthy. Software for Your Head: Core Protocols for Creating and Maintaining Shared Vision, 2002.

❑ Steve McConnell. Code Complete: A Practical Handbook of Software Construction, 2004.

❏ 德内拉·梅多斯. 系统之美：决策者的系统思考.

❏ Daniel Mezick. The Culture Game: Tools for the Agile Manager, 2012.

❏ 哈里森·欧文. 开放空间引导技术.

❏ Dennis N. T. Perkins Leading at the Edge: Leadership Lessons from the Extraordinary Saga of Shackleton's Antarctic Expedition, 2012.

❏ Roman Pichler, Agile Product Management with Scrum: Creating Products that Customers Love, 2010.

❏ 丹尼尔·平克. 驱动力.

❏ Donald G. Reinertsen. The Principles of Product Development FLOW: Second Generation Lean Product Development, 2009.

❏ Eric Ries. The Lean Startup: How Today's Entrepreneurs Use Continuous Innovation to Create Radically Successful Businesses, 2011.

❏ 肯·罗宾逊. 让思维自由.

❏ David Rock, Linda Page. Coaching with the Brain in Mind, 2009.

❏ 马歇尔·卢森堡. 非暴力沟通.

❏ Ken Schwaber, Mike Beedle. Agile Software Development with Scrum, 2001.

❏ Susan Scott. Fierce Conversations: Achieving Success at Work and in Life, 2004.

❏ John Seddon. Freedom from Command and Control, 2005.

❏ 艾伦·沙洛维，盖伊·比弗，詹姆斯 R. 特罗特. 精益-敏捷项目管理：实现企业级敏捷.

❏ Doug Silsbee. Presence-Based Coaching: Cultivating Self-Generative Leaders, 2008.

❏ Simon Sinek. Start with Why: How Great Leaders Inspire Everyone to Take Action, 2009.

❏ Jeff Sutherland. Scrum: The Art of Doing Twice the Work in Half the Time, 2014.

❏ 纳西姆·尼古拉斯·塔勒布. 反脆弱：从不确定性中获益.

❏ 杰拉尔德·温伯格. 程序开发心理学.

欢迎加入

图灵社区 iTuring.cn

——最前沿的IT类电子书发售平台

电子出版的时代已经来临。在许多出版界同行还在犹豫彷徨的时候，图灵社区已经采取实际行动拥抱这个出版业巨变。作为国内第一家发售电子图书的IT类出版商，图灵社区目前为读者提供两种DRM-free的阅读体验：在线阅读和PDF。

相比纸质书，电子书具有许多明显的优势。它不仅发布快，更新容易，而且尽可能采用了彩色图片（即使有的书纸质版是黑白印刷的）。读者还可以方便地进行搜索、剪贴、复制和打印。

图灵社区进一步把传统出版流程与电子书出版业务紧密结合，目前已实现作译者网上交稿、编辑网上审稿、按章发布的电子出版模式。这种新的出版模式，我们称之为"敏捷出版"，它可以让读者以较快的速度了解到国外最新技术图书的内容，弥补以往翻译版技术书"出版即过时"的缺憾。同时，敏捷出版使得作、译、编、读的交流更为方便，可以提前消灭书稿中的错误，最大程度地保证图书出版的质量。

优惠提示：现在购买电子书，读者将获赠书款20%的社区银子，可用于兑换纸质样书。

——最方便的开放出版平台

图灵社区向读者开放在线写作功能，协助你实现自出版和开源出版的梦想。利用"合集"功能，你就能联合二三好友共同创作一部技术参考书，以免费或收费的形式提供给读者。（收费形式须经过图灵社区立项评审。）这极大地降低了出版的门槛。只要你有写作的意愿，图灵社区就能帮助你实现这个梦想。成熟的书稿，有机会入选出版计划，同时出版纸质书。

图灵社区引进出版的外文图书，都将在立项后马上在社区公布。如果你有意翻译哪本图书，欢迎你来社区申请。只要你通过试译的考验，即可签约成为图灵的译者。当然，要想成功地完成一本书的翻译工作，是需要有坚强的毅力的。

——最直接的读者交流平台

在图灵社区，你可以十分方便地写作文章、提交勘误、发表评论，以各种方式与作译者、编辑人员和其他读者进行交流互动。提交勘误还能够获赠社区银子。

你可以积极参与社区经常开展的访谈、乐译、评选等多种活动，赢取积分和银子，积累个人声望。

技术改变世界 · 阅读塑造人生

学习敏捷：构建高效团队

◆ 精讲精益、Scrum、极限编程和看板方法，全面解读敏捷价值观和原则，提高团队战斗力

作者： Andrew Stellman，Jennifer Greene
译者： 段志岩，郑思遥

高效程序员的 45 个习惯：敏捷开发修炼之道（修订版）

◆ 总结并生动地阐述了成为高效的开发人员所需具备的45个习惯、思想观念和方法
◆ 涵盖了软件开发进程、编程和调试工作、开发者态度、项目和团队管理以及持续学习等几个方面

作者： Venkat Subramaniam，Andy Hunt
译者： 钱安川，郑柯

软件开发本质论：追求简约、体现价值、逐步构建

◆ 敏捷先驱为你直观呈现软件开发简约之道，实践极限编程
◆ 构建高质量软件系统必读

作者： Ron Jeffries
译者： 王凌云

TURING
图灵教育

站在巨人的肩上
Standing on the Shoulders of Giants

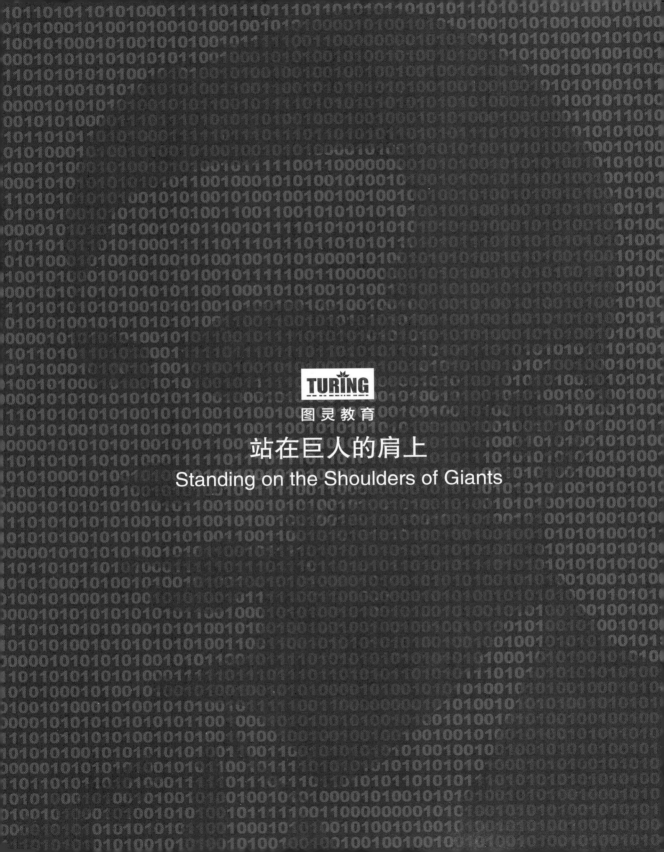

TURING
图灵教育

站在巨人的肩上
Standing on the Shoulders of Giants